连铸在线监控技术的开发与实践

孙立根　朱立光　著

北　京
冶金工业出版社
2017

内 容 提 要

本书围绕连铸在线监控技术，以作者团队多年来在漏钢预报技术和质量预报技术领域的研究成果为基础，系统介绍了结晶器测温热电偶布置位置和方式的确定原则，以及漏钢预报系统、质量预报系统的开发和实践过程。

本书共6章，主要内容包括连铸结晶器在线监控技术的发展现状、针对因传热不足导致漏钢的安全坯壳厚度的研究与实践、结晶器漏钢预报系统测温热电偶布置位置的优化、测温热电偶的安装与可靠性检测、基于逻辑判断的漏钢预报模型开发与实践以及连铸坯质量预报模型的开发与实践。

本书可供从事连铸工艺和连铸控制研究领域相关科研、设计、管理、教学人员和研究生阅读或参考。

图书在版编目(CIP)数据

连铸在线监控技术的开发与实践／孙立根，朱立光著．—北京：冶金工业出版社，2017.8

ISBN 978-7-5024-7569-7

Ⅰ．①连…　Ⅱ．①孙…　②朱…　Ⅲ．①连铸坯—在线控制　Ⅳ．①TG26

中国版本图书馆CIP数据核字(2017)第136412号

出版人　谭学余
地　　址　北京市东城区嵩祝院北巷39号　邮编　100009　电话　(010)64027926
网　　址　www.cnmip.com.cn　电子信箱　yjcbs@cnmip.com.cn
责任编辑　杜婷婷　美术编辑　彭子赫　版式设计　孙跃红
责任校对　禹　蕊　责任印制　李玉山
ISBN 978-7-5024-7569-7
冶金工业出版社出版发行；各地新华书店经销；固安华明印业有限公司印刷
2017年8月第1版，2017年8月第1次印刷
169mm×239mm；10.75印张；210千字；164页
49.00元

冶金工业出版社　投稿电话　(010)64027932　投稿信箱　tougao@cnmip.com.cn
冶金工业出版社营销中心　电话　(010)64044283　传真　(010)64027893
冶金书店　地址　北京市东四西大街46号(100010)　电话　(010)65289081(兼传真)
冶金工业出版社天猫旗舰店　yjgycbs.tmall.com

（本书如有印装质量问题，本社营销中心负责退换）

前　言

连铸是钢铁生产的一个重要环节，而保证铸坯质量和铸机顺行是连铸的两大核心任务。特别是在当前高效炼钢、连铸的背景下，转炉供氧强度的不断提高促使转炉单位时间钢产量显著增加。而与之匹配的是，铸机拉速也需要不断提高以适应转炉效率的提升。对于连铸而言，在铸机高拉速条件下，不仅连铸漏钢事故的发生几率大幅增加，铸坯质量缺陷也进一步加剧。随着市场竞争压力的增大，下游产业对钢材质量的要求也在不断提高，这就使得连铸在保证铸机顺行和铸坯质量方面的任务变得更为艰巨。

围绕在保证铸坯质量的前提下提高连铸机的生产效率，国内外冶金学者和企业开展了大量的工作。在自动化控制技术高度发展的今天，以漏钢预报与质量预报为代表的连铸在线监控技术为高效连铸的发展提供了重要的基础和保证。与日本和欧美国家相比，我国在连铸在线监控技术方面的发展相对较为落后，而且发展不平衡。国内钢铁企业应用的技术多为国外设备配套引进，但其也面临“水土不服”的客观条件制约；而现阶段国内自主技术虽有长足的进步，但发展尚不完善，无法替代引进产品。因此，从生产效率上讲，我国与发达国家，特别是与日本相比还有很大差距。

作者团队通过多年的研究和实践，在连铸在线监控技术研究和应用领域积累了丰富的科研成果和实际生产经验，出版本书，以期与本领域的冶金专家、学者做更深一步的交流与探讨。

本书共6章，主要内容包括连铸结晶器在线监控技术的发展现状、安全坯壳厚度的研究与实践、结晶器测温热电偶布置位置的优化、测温热电偶的安装与可靠性检测、基于逻辑判断的漏钢预报模型开发与实践以及连铸坯质量预报模型的开发与实践。书中第2~5章从结晶器铜板测温热电偶布置位置开始，系统地建立了基于逻辑判断的漏钢预报体系，其中第2章安全坯壳厚度分析主要针对因传热不足导致的漏钢。

本书在撰写过程中，华北理工大学刘增勋教授、王硕明教授、张彩军教授等提出了很多宝贵的意见，同时郝剑桥、刘云松等研究生为书中图表的整理和编辑也做了大量的工作，在此表示诚挚的感谢。

由于作者水平所限，书中不妥之处，敬请读者批评指正。

作　者

2017年5月

目　　录

1　连铸结晶器在线监控技术的发展现状

连铸在线监控技术的核心是漏钢预报技术和质量预报技术，这两大技术之间也是既有联系也有区别。为更好地开发连铸在线监控技术，首先有必要了解质量预报技术和漏钢预报技术的发展历程。

1.1　连铸坯质量在线预报技术

1.1.1　连铸坯缺陷的类型

铸坯的质量缺陷分为表面缺陷、内部缺陷及形状缺陷。

1.1.1.1　铸坯的表面缺陷

连铸坯的表面缺陷主要在结晶器内产生和形成，在二冷区的冷却和变形条件下进一步发展和扩大。主要表面缺陷类型如图 1.1 所示。

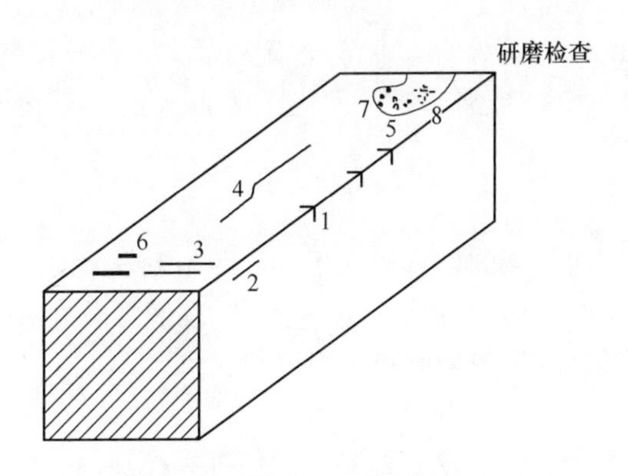

图 1.1　铸坯的主要表面缺陷

1—角部横裂纹；2—角部纵裂纹；3—表面横裂纹；4—表面纵裂纹；5—网状裂纹；6—深振痕；7—表面夹渣；8—针孔和气泡

A　横裂纹

横裂纹可能在整个铸坯表面上形成或仅在铸坯紧靠角部的附近产生，通常形成于振痕中。横裂纹经常以裂纹线的形式发生，它在内弧发生的频率比外弧高。裂纹长度可从 10mm 到 100mm，深度可达 0.5～4mm。不依助于技术设备，横裂纹在红热坯上几乎见不到，对该裂纹的评估只有在冷坯上进行。

B 纵裂纹

纵裂纹分为表面纵裂纹和角部纵裂纹。角部纵裂纹位于铸坯的宽面或窄面上，靠近铸坯的角部；表面纵裂纹又分为深的表面纵裂纹和较短的表面纵裂纹两种形式。深的表面纵裂纹主要在铸坯宽面的中间形成，往往以凹坑形式出现，它们可能延伸到充满整个铸坯长度，其深度可达10mm以上。较短的表面纵裂纹大多数短于100mm，深度小于5mm，它们可能在整个铸坯表面上形成。

C 网状裂纹

不规则分布或集中分布在铸坯的一点，通常位于氧化铁皮下，裂纹长度可能为5~20mm，裂纹深度为0.5~5mm。对红热铸坯和冷态坯只有通过表面修磨处理检查才能发现这种星形裂纹。

D 深振痕

在铸坯表面呈规律性的横向波纹称振动痕迹，简称振痕。如果振痕不是水平线，而是在离铸坯角部很短距离处即变成模糊的变形曲线时，再在靠近相对的角部重新变成水平线状，这就是异常振痕。异常振痕形状不规则而且较深，此处常常伴随有凹陷和裂纹。

E 表面夹渣

大多数情况下，夹渣发生在开浇区域和更换钢包时的铸坯段。偶尔，它们也形成于整个铸坯长度。从外观看，夹渣缺陷大而浅的属硅锰酸盐系；小而分散，深度2~10mm的属Al_2O_3系夹杂。深而大的表面夹渣必须清除，否则在成品表面造成条纹缺陷。

F 针孔和气泡

沿柱状晶生长方向伸展的，直径大于1mm，长度大于10mm的大气孔称为气泡，而对较小且密集的气泡叫气孔（或针孔）。它们常分布在表面，为氧化铁皮所覆盖，形状为圆形、球形或椭圆形，在红热铸坯上不能发现，通过打磨可在冷态铸坯上见到。

此外，还有表面凹陷、重皮、渗漏、擦伤等表面缺陷。

1.1.1.2 铸坯的内部缺陷

铸坯的主要内部缺陷如图1.2所示，包括角部裂纹、皮下裂纹、中心线裂纹、中间裂纹、中心疏松和中心偏析等。

A 角部裂纹

由于菱形变形在铸坯角部附近形成的一种裂纹。一般处于对角线上，离表面很浅的地方，有时甚至沿对角线贯穿。

B 皮下裂纹

位于铸坯表面附近的内部裂纹，裂纹内常填充有富含偏析元素的熔体。这类

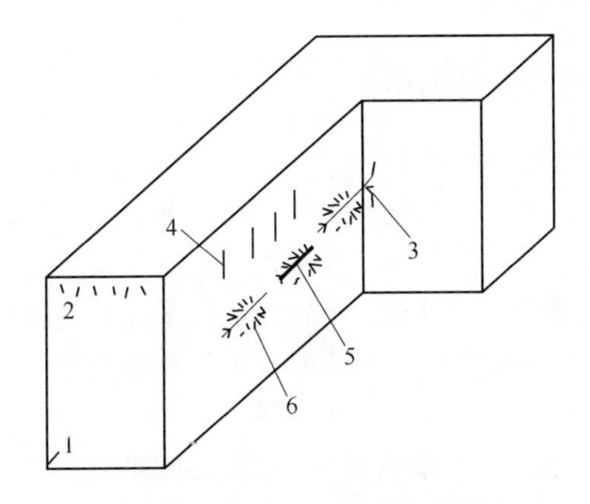

图 1.2 铸坯的主要内部缺陷

1—角部裂纹；2—皮下裂纹；3—中心裂纹；4—中间裂纹；5—中心偏析；6—中心疏松

裂纹发生在结晶器下部区域和/或结晶器下面到弯曲段末端，由于坯壳的变形大引起。

C 中间裂纹

在铸坯外侧和中心之间的中间某一位置（如铸坯厚度 1/4 处），在柱状晶间产生的裂纹，其位置一般在中间，故称为中间裂纹。

D 中心裂纹

铸坯中心缩孔附近呈星状（放射状）扩展的径向裂纹，也叫中心星状裂纹。该类裂纹常伴随着中心偏析和疏松一起产生。

E 中心偏析

凝固末期由于铸坯的体积收缩，富含溶质元素的钢液填充其中，造成铸坯中心部位的碳、磷、硫、锰等元素含量比其他部位升高的现象称为中心偏析。

F 中心疏松

在连铸坯剖面上可看到不同程度的分散的小空隙称为疏松，中心疏松是中心区域的结构性疏松，在酸浸或硫印试样上用肉眼可看到。

1.1.1.3 铸坯的形状缺陷

铸坯的形状缺陷包括菱形变形和鼓肚变形。

A 菱形变形

在方坯的横截面中，如果一条对角线大于另一条对角线就称之为菱形变形（脱方）。

B 鼓肚变形

铸坯在凝固过程中由于钢水静压力的作用，使两个支撑辊之间的坯壳向外凸起的现象称为铸坯鼓肚。

1.1.2 连铸坯质量预报技术的发展

1.1.2.1 国外研究现状

近十几年来，国外借助计算机技术的飞速发展，在连铸坯质量预报系统的研究上取得了长足的进步。许多公司开发了较完善的专家系统，并实际应用于连铸生产，取得了十分显著的经济效益。比较成功的系统有英国钢铁公司的结晶器热监控系统（MTM）、奥钢联的计算机辅助质量控制系统（CAQC）和曼内斯曼·德马格公司的质量评估专家系统（XQE）等。

A 英国钢铁公司的结晶器热监控系统（MTM）

所谓 MTM 系统就是结晶器热监控系统（Mold Thermal Monitoring system），它的工作原理就是利用热电偶对结晶器的热状况进行监测，对采集的电信号运用专家知识进行分析，进而得出可能出现的质量问题，实现预报并提出操作建议。

该系统开发于 20 世纪 80 年代，其主要功能是防止漏钢和改善铸坯质量。MTM 系统通过热电偶测定结晶器铜板温度场进行漏钢预报。此外，还可以确定坯壳撕裂与结晶器内传热的关系，铸坯表面裂纹和凹陷与结晶器内传热的关系，保护渣性能与结晶器内传热的关系。

其质量预报的原理为：系统通过考查质量有问题的板坯，从相应异常温度曲线上找出原因。例如，结晶器底部的温度高于顶部的温度时会产生表面裂纹，其原因是结晶器内钢液面熔渣较少，使导热状况特别差，从而导致顶部温度降低，此时非常容易产生裂纹。

使用 MTM 系统的厂家较多，都取得了很显著的效果。例如，比利时的 Sidmar 公司板坯连铸机自从 1991 年使用 MTM 系统后，预防了 75 次漏钢事故，6 个月里漏钢误报率少于 20 次，在提高铸坯质量的同时，使正常拉速由 1.15m/min 提高到 1.40m/min。

英国钢铁公司将主要缺陷确定为 13 个，主要影响因素为 35 个，把铸坯缺陷严重程度分为 1～6 级。但该系统所需的一些重要信息（如对偏析缺陷敏感的钢种的必要信息）很难连续地监测，并且铸坯的几何形状也只能在停浇期间测量，其预报精度受到很大的影响。

B 奥钢联的计算机辅助质量控制系统（CAQC）

1983 年奥钢联钢厂的板坯连铸机进行热装热送后，板坯温度升高使得人工检验变得很困难。因此，决定开发计算机辅助质量控制系统（CAQC），该系统于 1991 年在生产中投入使用。

CAQC 系统包括以下功能模块：确定板坯的质量标准、确定生产规程，板坯质量缺陷自动预报，提出板坯处理意见，冶金知识库生成和维护，以及预报功能的离线模拟等模块。

经过不断的改进和完善，目前 Linz 钢厂生产的 90% 以上钢种都采用此系统进行控制，包括低碳钢、IF 钢、含碳量不大于 0.25%（质量分数）的结构钢和含碳量不大于 0.08%（质量分数）的合金结构钢等。

CAQC 系统能预报的质量缺陷包括表面氧化铝团块、缩孔、角裂与横裂等，通过建立相应的冶金函数进行预报。预报使用到的过程数据共有 95 种，包括拉速、过热度、吹氩时间、二冷段累计水量、化学成分和各参数的波动量等。

应用 CAQC 系统使精整工作量大幅减少。例如，1993 年和 1983 年相比，板坯的机器扒皮率下降了 72%，人工扒皮率和检验率下降了 88%，因扒皮带来的损失减少了 1/3。图 1.3 显示出 CAQC 投入应用后每年的生产情况。1994 年的精整损失减少为 1990 年的 1/3，投入使用后的 1994 年和投入使用前的 1990 年比较，轧制产品的再检验率下降了 80%。

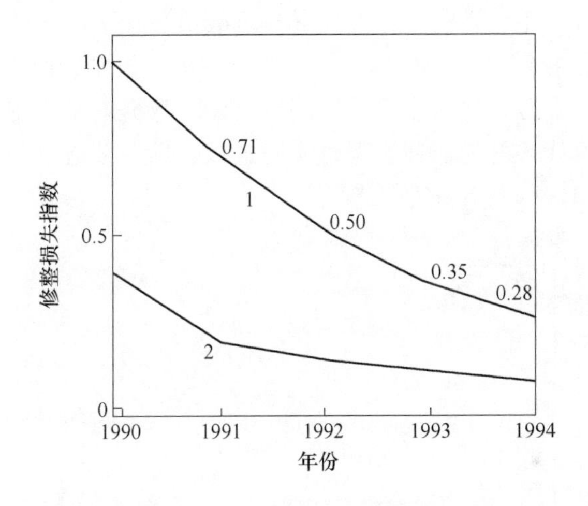

图 1.3 Linz 钢厂 1990 ~ 1994 年的板坯修整损失的相对水平

1—结构钢、非合金钢、微合金钢；2—低碳钢、IF 钢

奥钢联的铸坯质量评判系统把质量缺陷确定为 14 个，缺陷的严重程度分为 0 ~ 9 级，引起缺陷的工艺操作参数细分为 123 个，由于系统冶金函数是用统计方法建立的，系统判定具有一定的局限性，该系统仅对 70% 的板坯（低碳钢和低合金结构钢等）具有较高的质量判定准确度。

C 曼内斯曼·德马格公司的质量评估专家系统（XQE）

质量评估专家系统（XQE）主要由质量评估模型和数据管理部分组成，是一个具有学习能力的专家系统。质量评估模型通过处理过程数据来判断板坯上可能出现的缺陷及其强度，数据管理部分有利于知识积累，可以更新质量模型。

XQE 系统的结构如图 1.4 所示，在该系统中采用了模糊逻辑来表达专家知

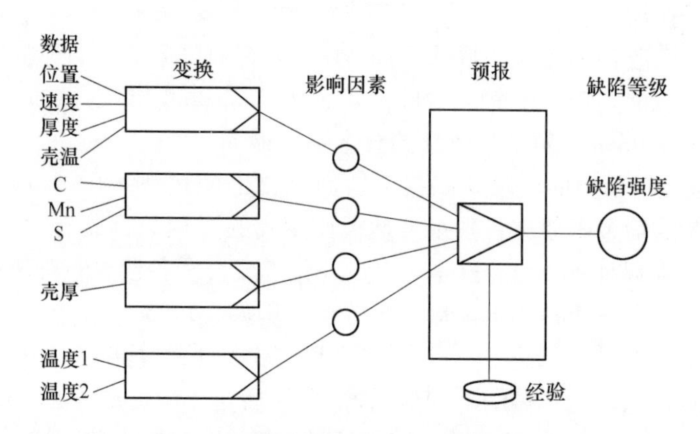

图 1.4 XQE 铸坯质量评估系统的结构

识，解决了回归分析中参数的细微变化导致函数值波动大的问题。

XQE 系统的预报系统具有根据经验和质量数据推出结论的能力。如图 1.5 所示，引起缺陷的因素分布在一个多维空间里，样本数据就是其中的点，而缺陷的等级就是这些点所代表的值。通过考查实时过程数据在多维空间里的分布，可以预报出将会发生的缺陷及其强度。

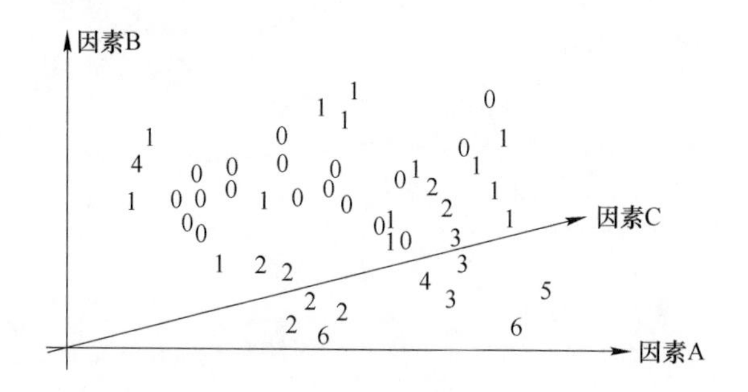

图 1.5 铸坯缺陷空间

XQE 系统包括在线和离线两个部分。实时数据传输给在线 XQE 部分形成样本文件用于分析、调整或确定模型,并且可以利用离线部分所学习到的知识进行更新。

德马克公司曾在一篇论文中把质量变量细分为 30 个，而影响因素为数十个。但其实际应用系统则把质量缺陷合并为 8 个，缺陷的严重程度分为 0 ~ 9 级，而影响因素则选择了主要的 20 个，由于考虑影响因素有限，判断只能局限于某些特定的钢种。

D 日本大同钢铁公司知多厂开发的表面质量检测系统

日本大同钢铁公司知多厂所开发的表面质量检测系统在结晶器铜板的 28 个

点上分别设置了热电偶，以检测铸坯表面温度变化；在二冷段的各个面上配置了流量计和压力计，以监测喷嘴堵塞等异常情况；在矫直段测定铸坯棱角温降情况。将上述信息和数据输入计算机进行比对和鉴别，即可查明铸坯在各个阶段的温度变化与裂纹间的关系。系统还设定了各种钢成分和拉速的裂纹产生危险温度区域。此系统用于连铸大生产，可将铸坯表面缺陷减少2/3。

E 加拿大的方坯质量问题诊断专家系统

加拿大的方坯质量问题专家系统是基于骨架系统"COMDALE/X"开发的，涉及方坯的表面裂纹和内部裂纹、脱方以及漏钢等质量问题的诊断。该专家系统的知识库有以下3种模式：

（1）处理无中间裂纹存在的质量问题（如角裂纹、横裂纹和凹陷、漏钢、脱方以及对角裂纹）。

（2）处理包括中间裂纹和其他类型缺陷的质量问题。

（3）只处理中间裂纹。

用热传输模型计算方坯的凝壳厚度分布及表面温度分布，以及用模糊逻辑来处理操作者所获取知识中不确定的事件是该专家系统的特点。经加拿大5个钢铁公司的生产试验表明，该专家系统可成功地诊断出方坯连铸过程中主要质量问题的产生原因。表1.1列出该专家系统的一些诊断结果。

表1.1 加拿大方坯质量问题诊断专家系统成功诊断质量问题实例

公司	分析结果
A	脱方与二冷喷嘴堵塞有关，操作人员通过改进二冷水质量来解决问题
B	角裂在结晶器出口处附近形成，确定该角裂是由于结晶器出口与第一排喷嘴距离较大而引起喷淋水与结晶器散热速度不匹配所致
C	热传输模型计算出辐射区回热过大，在该区域出现了中间裂纹，回热过大是因喷淋水区太短所致

F 澳大利亚BHP公司开发的方坯连铸机质量预测专家系统（QP系统）

BHP公司开发的方坯连铸机质量预测专家系统在基本弧长半径为15m的钮卡斯尔厂四流大方坯连铸机（断面为630mm×630mm）上应用，以保证只有合格的产品才能被传到下一工序来满足预定客户的要求。该系统预测的质量缺陷包括清洁度、偏析、内部裂纹、表面质量和内部缩孔，缺陷严重程度分为0～10级，影响缺陷的过程变量为24个。该系统的质量模型将铸流中的铸坯划分成0.5m长的部分，生产过程中实时监测这24个过程变量（其值由现场传感器直接获取或由键盘靠操作者人工输入），对每一部分方坯给出质量评价，并将这些结果与实际客户订单的质量要求相比较。然后，模型能在适当的时候向操作者建议最合适的做法，包括：按订单验收，改为较不严格的应用，需要取样或精整，或废弃不合格的部分。

G 意大利 Daneli 公司开发的连铸坯质量控制系统（QCS 系统）

意大利 Daneli 公司开发的连铸坯质量控制系统将铸流中的物流从结晶器弯月面到切割点分成很多小铸坯段（Sample Slice，长约 100mm/片），作为基本处理单元。一旦浇注开始，该系统即追踪这些不断移动的 Sample Slice，并将对质量有影响的过程变量对应到相应位置的 Sample Slice 上，比较各个过程变量的实际值与设定值，利用事先定义好的缺陷评估表达式计算出每一 Sample Slice 的质量情况。当板坯切割时，分别对该板坯包含的所有 Sample Slice 上对应的同一检测过程变量的评估结果进行统计，将结果（一组质量数据）存储在该板坯报表中。

图 1.6 是以一个过程变量为例，介绍 QCS 系统的质量判断原理。

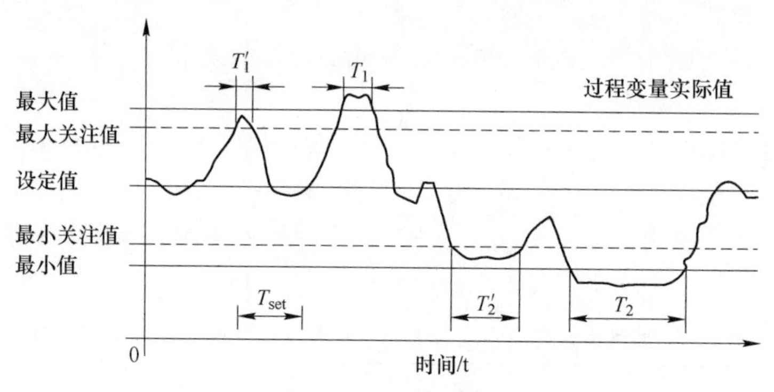

T_{set}=超出设定值的时间限制

图 1.6 QCS 系统检查过程变量的例子
（两条长虚线为上下警告线）

（1）当 $T_1 < T_{set}$，即来自现场的该过程变量值超出范围的时间 T_1 不超过设定值超值时间的极限值 T_{set}时，不考虑 T_1 时间段内的该过程变量对该 Sample Slice 产生的质量影响。即认为该过程变量的值仅在 T_1 内超出，对铸坯质量基本上不会产生影响，系统认为这段时间内的铸坯质量还是好的。

（2）当 $T_2 > T_{set}$，即来自现场的该过程变量值超出范围的时间 T_2 超过 T_{set}时，认为 T_2 时间段内的过程变量已经对该 Sample Slice 产生了质量影响，即这段时间对应的铸坯中必然存在着质量缺陷，并标志出该 Sample Slice。

（3）当（实际值 > 最大值）或（实际值 < 最小值）时，该 Sample Slice 标志为“废坯”。

（4）当（最大关注值 < 实际值 ≤ 最大值）或（最小值 ≤ 实际值 < 最小关注值）时，该 Sample Slice 标志为“怀疑坯”。

（5）当（最小关注值 ≤ 实际值 ≤ 最大关注值）时，该 Sample Slice 标志为“合格坯”。

H 芬兰劳塔鲁基 Raahe 钢厂开发的自动板坯质量预测系统

芬兰劳塔鲁基 Raahe 钢厂开发的自动板坯质量预测系统的功能包括期望的板坯质量确定、生产过程跟踪、板坯质量的预报和板坯下一步处理的确定。

板坯的质量预报是通过 65 项过程参数来确定的。这 65 个过程参数有一部分是由连铸机的基础自动化系统自动获取的，其他的由人工输入。为进行过程参数跟踪，每个板坯都分成 500mm 长的小段，该跟踪系统确定这些参数中的哪些值是属于哪一段的。每个缺陷要采用许多不同的参数，这些参数的值给出权重因数，这些权重因数的总和就给出了质量指数的值。依靠该指数值，可在浇注以后通过系统确定该段和该板坯的质量。经过质量判定以后，系统将所要求的板坯质量与预测的质量相比较来实现今后操作的最优化。

国外相似的质量控制系统还有法国的板坯缺陷产生原因诊断 Coccinelle 系统、印度的大方坯质量问题诊断专家系统、英钢联的在线综合预测质量控制系统等。

1.1.2.2 国内研究现状

目前，国内关于这方面的研究还处于对国外引进的连铸坯质量判定系统的消化和吸收阶段，具有完全自主知识产权并投入实际成功应用的国产连铸坯质量判定系统还未见报道。在消化吸收国外系统的基础上并进行功能扩展和优化方面做得比较好的有下列厂家。

A 宝钢的板坯品质异常把握模型和漏钢预报系统

宝钢的漏钢预报系统由神经网络模型，空间网络模型以及逻辑判断模型综合而成。神经网络模型主要完成对单点热电偶的温度特征进行识别，空间网络模型对黏结漏钢的空间特征进行判别，逻辑判断模型用于对原始数据进行预处理，进而缩小前两个模型的输入数据范围，提高报警的准确率。该模型的特点是完全依赖历史数据建立神经网络模型和空间网络模型，成功实现了大容量数据的快速计算，实现了高速的实时复杂判断。1999 年 5 月试运行以来，连铸机漏钢次数降为 0，误报指数为 0.09%。由于误报减少，急降速、停车情况减少，平均拉速提高，双浇、裂纹、夹渣等废品率下降。

宝钢的品质异常把握模型是由计算机对连铸生产过程的异常事件进行自动判断。对品质正常和异常的铸坯进行区别管理，真正实现连铸“按坯管理”。结合不同钢种的品质要求，根据产生异常的不同程度对铸坯进行相应处理，从而消除缺陷、提高输出铸坯的实物质量。这里所指的连铸生产过程“异常”，主要包括结晶器液位波动大、拉速变动大、钢水二次氧化、耐火材料及保护渣卷入等情况，它们都会在一定程度上对连铸坯的表面和内部质量造成危害。品质异常把握模型既能对生产过程超出正常范围的现象进行判别，确定各种异常对铸坯质量的影响程度和相应的处置办法，也能指导板坯的切断和精整作业。

宝钢的品质异常把握模型是在引进日本新日铁的计算机辅助质量判定（CAQJ）系统的基础上，依靠宝钢自身的技术力量，经过工艺、设备和计算机人员的共同努力开发，于2001年起逐步投入使用。通过对异常坯采取追加机清、手清、更生切割等严格管理措施，输出铸坯质量明显提高，下工序质量异议大量减少，特别是热轧工序因钢质缺陷封锁钢卷的比例下降了一半以上，为减少次废品、降低综合生产成本作出了贡献。图1.7是品质模型投入前后热轧钢质封锁率的变化情况（模型自2001年7月起投用）。

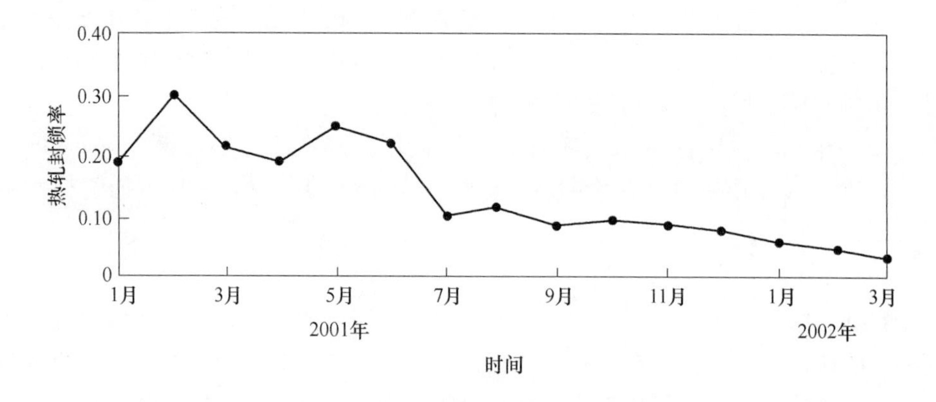

图1.7 宝钢品质异常模型使用效果

CAQJ系统要求收集28个参数，其中包括3个方面：（1）来自炼钢计算机传过来的炼钢异常信息，如钢水成分及再吹炼等。（2）由连铸离散控制系统采集的信息，如拉速及结晶器液面波动等。（3）由操作工输入的有害于铸坯质量的信息。

事实上，该系统是使用了这些异常信息来预测铸坯表面质量及内部质量的等级，经过等级分析，自动判定铸坯的处置方式，它只是一个过程异常型质量诊断系统，并没有影响铸坯质量各种缺陷的详细的知识库及相应的推理机制，根据专家系统的定义，它并不是真正意义上的连铸坯质量判定专家系统。

B 天津钢管公司圆坯连铸机质量评估系统

天津钢管公司圆坯连铸机的质量评估系统收集26个参数，根据参数的异常信息（超过限定值范围）来预测圆坯质量，如外来夹杂物、内生夹杂物、皮下偏析裂纹、中间裂纹、中心偏析裂纹、表面裂纹、其他表面裂纹或几何缺陷。用Fortran语言编制，由于种种原因，未进行热试，也未在线使用。

另外，我国安阳钢铁厂第三炼钢厂的板坯连铸机引进了奥钢联（VAI）开发的计算机辅助质量保证系统（CAQA），该系统自三炼钢厂1999年11月份投产以来，一直正常运行，使用效果很好。济南钢铁厂第三炼钢厂板坯连铸机也引进了奥钢联（VAI）开发的计算机辅助质量控制CAQ系统。

我国攀钢 2 号板坯连铸机的质量控制模型是引进 Daneli 公司开发的 QCS 系统。该系统从现场收集与质量有关的重要变量，与优化值进行比较，根据对所定义的变量和表达式检查的结果，决定每一块板坯的质量；为操作人员和冶金技术人员提供与产品质量有关的信息和超范围清单，同时提供一个与生产板坯的质量特性有关的技术报告。QCS 质量控制模型于 2004 年 3 月份正式投入运行，通过工艺人员和开发人员的不断现场调试和优化，已经取得了比较显著的效果。

1.2　连铸漏钢预报技术

漏钢是连铸生产过程中必须避免的重要问题，其与钢水在结晶器内的初凝热状态密切相关。尤其对于高效连铸，高拉速生产条件下不仅漏钢几率增加、漏钢预报的难度也将增大。生产实践表明，连铸漏钢行为表现有不同的特征。对各类漏钢机制的科学认识是开发有效漏钢预报系统的前提。

1.2.1　连铸漏钢行为分类

如图 1.8 所示，根据发生原因，可以把漏钢分为传热不足引起的漏钢、黏结漏钢、缺陷漏钢和操作失误引起的漏钢四大类。

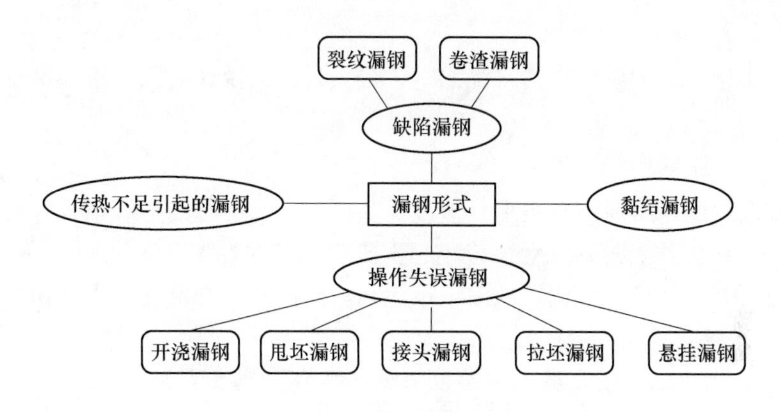

图 1.8　漏钢形式分类

实践表明，黏结漏钢是漏钢的主要形式。在规范操作条件下，黏结漏钢占漏钢总数的 90% 以上。当前已开发的漏钢预报系统也多针对漏钢的黏结行为。

1.2.2　连铸漏钢产生的机理

1.2.2.1　传热不足引起的漏钢

结晶器作为整个连铸操作的核心，其传热效率从根本上决定了铸坯的表面质量和铸机产量。如果铸坯的传热速率过快或是不均匀，就会产生热应力，最终导致初生坯壳产生各种形式的裂纹。Brimacombe 和 Sorimachi 以及 Nakato 等人的文章中都谈到了这一现象。与结晶器传热过度带来的问题相比，传热不足会导致坯壳相对比较薄，在出结晶器时可能发生鼓肚，当坯壳过薄时便可能发生漏钢。

1.2.2.2 缺陷漏钢

缺陷漏钢大多为纵裂漏钢，多发生于低碳钢和包晶钢类钢种的浇注。其产生的根源是结晶器中初生坯壳的不均匀。控制纵裂漏钢首先要保证结晶器中坯壳的均匀生长。钢水进入结晶器后，在结晶器激冷作用下，钢水于弯月面处开始凝固形成初生坯壳并不断生长，由于钢水的凝固收缩，在结晶器和坯壳间就形成了气隙。气隙大小是控制结晶器传热效果和坯壳均匀生长的主要因素。结晶器和坯壳间气隙的大小及均匀程度取决于钢水的凝固收缩能力。低碳钢在凝固过程中，杂质元素偏析较小，坯壳高温强度较大，抵抗钢水静压力能力强，且由于相变的出现，坯壳收缩强烈，因而易在结晶器和坯壳间形成较大且不均匀的气隙，导致坯壳生长不均匀。而包晶钢在凝固过程中会发生包晶相变，而这种剧烈的收缩与相变应力也会成为纵裂漏钢的根源。

卷渣漏钢多与液面波动过大等原因造成的初生坯壳夹渣有关。当铸坯出结晶器时表面夹渣脱落使得钢液从渣孔中流出，因此卷渣漏钢的特征就是漏钢坯壳表面出现孔洞。

1.2.2.3 操作失误漏钢

操作失误造成的漏钢包括开浇漏钢、接头漏钢、拉坯漏钢、甩坯漏钢以及悬挂漏钢。

A 开浇漏钢

开浇漏钢的产生原因有很多，但主要是操作不当引起的。济钢孙凤晓和武钢安进禄等人认为开浇漏钢发生在铸坯起步初期（多发生在开浇前5min内），开浇漏钢的特征是在坯壳底部撕裂或沿钢板渗漏。他们分析开浇漏钢主要由以下原因引起：

（1）起步拉速偏高。从力学角度分析，起步拉速偏高则铸机从静止到运动的加速度较大，也就是引锭杆对底部初生坯壳的拉力较大，这样就增加了坯壳底部撕裂的倾向。

（2）开浇控制不好。首先塞棒开度要控制得当，开度过大钢水易冲散冷却层，开度过小又易于出现分层凝固；其次液面上升速度过慢则液面极易结冷钢，甚至还会出现“反熔”现象，液面上升过快则结晶器内钢水不能充分凝固；此外开浇时保护渣的堆入需准确及时，并且要一次性加入，保护渣加入过早会使坯壳发生卷渣，当坯壳出结晶器时会因为强度不够而发生破裂导致漏钢。

（3）结晶器密封不好。如：纸绳松动，钢水从其缝隙中渗漏，纸绳受潮，遇钢水后爆炸产生缝隙，钢水从缝隙中渗漏；铁屑层过薄，造成钢水将纸绳燃烧后从缝隙渗出，铁屑层过厚，将导致坯头强度不足，坯壳被拉断，铁屑受潮、有油污或有杂物，遇钢水后爆炸或燃烧，钢水将纸绳燃烧后从缝隙渗出或坯头强度不足，坯壳被拉断；钢板条摆放不好，会使钢水直接冲刷铁屑和纸绳；若钢板条熔化不充分，则初生坯壳过薄，拉坯时将导致坯壳撕破。

(4) 此外还有一些设备上的因素，如结晶器与二冷不对中、结晶器锥度过大等。

因此，为避免开浇漏钢，应充分做好浇注前设备检查和开浇前的准备工作；根据所浇钢种与断面控制好开浇的起步时间、起步拉速，并按要求增加拉速，保持结晶器液面稳定，坯壳均匀生长。

B 接头漏钢

接头漏钢的出现一方面是由于更换中间包时间过长。钢水在结晶器中自由液面凝固，继续浇钢时液面坯壳没有完全熔化，导致补充的钢水与凝固的坯壳连接强度降低，由此接头出结晶器后出现断裂而漏钢。另一方面是由于接头处卷入的保护渣较多。而保护渣的存在，影响了坯壳的形成厚度，坯壳较薄，其承受各方面的应力能力减弱，加上打接头时一般中间包钢水的温度较高，铸坯出结晶器后出现回温较大，使得部分坯壳重熔，由此造成在坯壳存有较多保护渣的位置出现漏钢。

C 拉坯漏钢

广钢童冬民认为拉坯漏钢主要是由于局部坯壳过薄（拉断处坯壳厚度仅为2~3mm），坯壳由于承受不了拉坯阻力而被拉断产生漏钢。坯壳过薄主要是由于结晶器传热量不足而产生的，更换中间包时由于保护渣的卷入使得坯壳强度降低也易发生拉坯漏钢。

D 悬挂漏钢

悬挂漏钢产生的原因主要是浇注过程中浇注速度发生变化而导致冷钢产生，冷钢与渣圈连接导致坯壳在向下运动的过程中由于悬挂而导致坯壳被拉破。当在线更换中间包时，钢液会发生喷溅，或是流入到角部的缝隙里，这样就形成了小的鳍片，阻止拉坯的顺利进行。由于多余的钢水渗入角部而造成坯壳破裂。每一次坯壳破裂就会有更多的钢水渗入，拉坯阻力越来越大，最终当破口出结晶器底部时就会导致漏钢。悬挂漏钢的特点是快速、裂口大，还有就是在良好的润滑和振动条件下也会发生。Delhalle 等人也描述了这种漏钢，并指出结晶器角部漏钢也是由于钢水的渗入。

E 甩坯漏钢

甩坯漏钢的原因多是因为连铸末段尾坯头部未完全凝固而导致钢水在拉坯过程中流出的现象。

1.2.2.4 黏结漏钢

正常操作条件下，黏结漏钢占据漏钢事故的绝大多数，因此弄清黏结漏钢的产生机理对实际生产中漏钢预报系统的开发具有重要意义。

在20世纪80年代，日本就开始了对黏结漏钢产生机理的研究。日本钢铁业报道检测到在铸坯黏结点产生的地方有渗碳体结构物质，可以肯定的是这一结构是在开始凝固时钢水与未熔化的保护渣直接接触形成的。在弯月面区的熔融钢水存在较强的碳富集（因此会降低熔点），会阻止坯壳生长及负滑脱阶段坯壳的修复。同时还指出，在黏结坯壳表面发现许多小洞，其产生的原因可能是固态保护渣浸入或是凝固过程中产生的CO渗出。Tsuneoka和Sorimachi等人曾检测出在坯壳表面有铜和镍的溶质，这是与结晶器壁直接接触的结果。

加拿大UBC大学的Mimura认为结晶器液面的上升（比如变拉速操作过程）会加速黏结的形成。如图1.9所示，如果弯月面上升，由于坯壳与渣层的界面张力会产生一个凹槽。随后，当保护渣层向下移动的时候它会与坯壳凹槽上面的位置接触，坯壳就会与保护渣相黏结。在随后的结晶器向上运动过程中，张力会使坯壳凹槽深处产生裂口，这也是铸坯最热最薄弱的一个点。为了使这一效应最小化Mimura建议使用较低熔点的保护渣以保持一个较深的熔池。

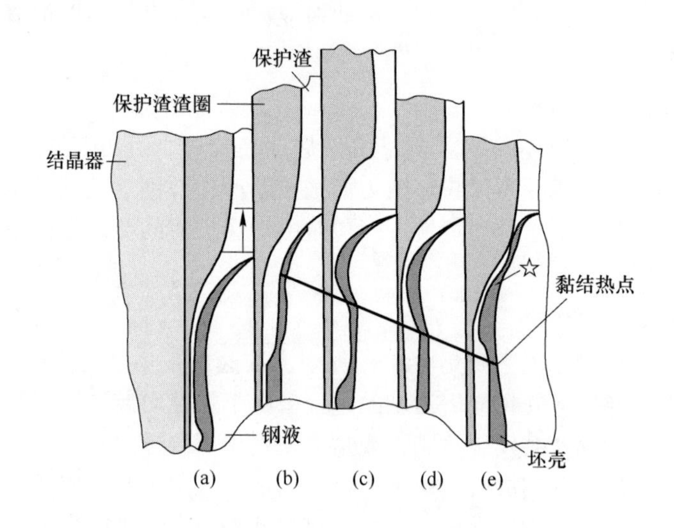

图1.9　Mimura提出的初始阶段黏结产生机理

Emi提出了另一种黏结形成理论，如图1.10所示。这一理论认为当固体渣层长得足够大时，结晶器弯月面上升会使钢液与固体渣层直接接触并阻碍保护渣的渗入。Emi认为随后渣层会飘浮起来，与紧贴结晶器壁的固态渣膜分开。这就使得钢液与结晶器壁直接接触。

上述解释主要是集中在铸坯与结晶器壁之间缺乏液态的润滑层。相比较而言Emling等人描述了一种不同的黏结机理。尽管有动态箝位系统，但多次在线调节宽度会导致结晶器铜板的过度磨损或划痕的产生，这样钢液就会渗入结晶器宽面

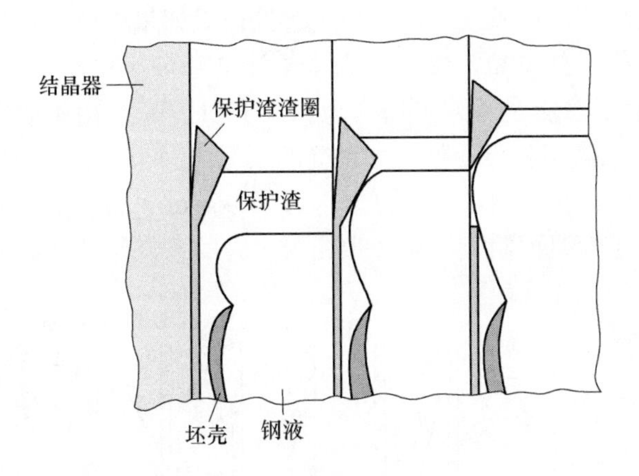

图 1.10 Emi 提出的初始阶段黏结产生机理

与窄面之间的缝隙，产生更大的裂口。

图 1.11 描述了黏结漏钢坯壳的典型形貌。这一缺陷的特征是由起始点发散产生了 V 形振痕。从图 1.11 中可以看到黏结可以在宽面（类型 1）及窄面附近的角部（类型 2）产生。

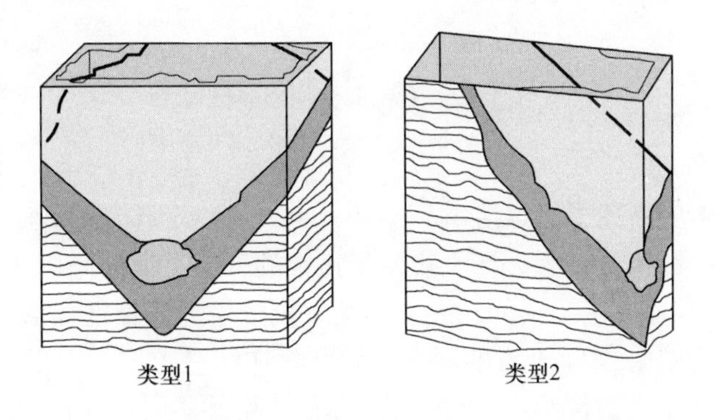

图 1.11 结晶器宽面（1）/窄面（2）黏结漏钢形貌特征

Blazek. K. E 在布鲁塞尔召开的第四届国际连铸会议上提出的黏结漏钢机理得到了普遍的认同。他认为凝固坯壳的黏结是从结晶器弯月面处开始的，通过图 1.12 可以描述黏结的产生和扩展机理。图 1.12（a）显示了弯月面存在的条件，在不同拉速下会产生各种不同的坯壳形态。随着拉速增加或结晶器振动频率增加，弯月面处的凝固时间减少，即 $t_1 > t_2 > t_3$，在铜板与坯壳实际接触范围内，靠近结晶器壁的坯壳厚度减薄。因此，根据浇注条件，坯壳厚度最薄、钢水静压力最大的两者结合点距结晶器液面为 X_c。钢水静压力与坯壳和结晶器之间摩擦系数的乘积将提供一种摩擦力，这种摩擦力必须克服结晶器内凝固坯壳在该点的拉坯力。该点处坯壳厚度及平均温度决定于拉速。如果摩擦力产生的应力大于拉坯产生的应力，就会产生黏结现象。结果表明，X_c 最小值在 6 ~ 14mm 之间（弧形弯月面的半径），该处的钢水静压力为 36 ~ 108kg/m^2。由于凝固坯壳表面温度约 1250℃，而且固液两相界面处坯壳承受的屈服应力很小，坯壳容易被撕裂。在弯月面下 50mm 处，相应钢水静压力会达到 360kg/m^2。因此，在结晶器和坯壳间产生的摩擦力大于弯月面附近区域产生屈服应力的条件是存在的。

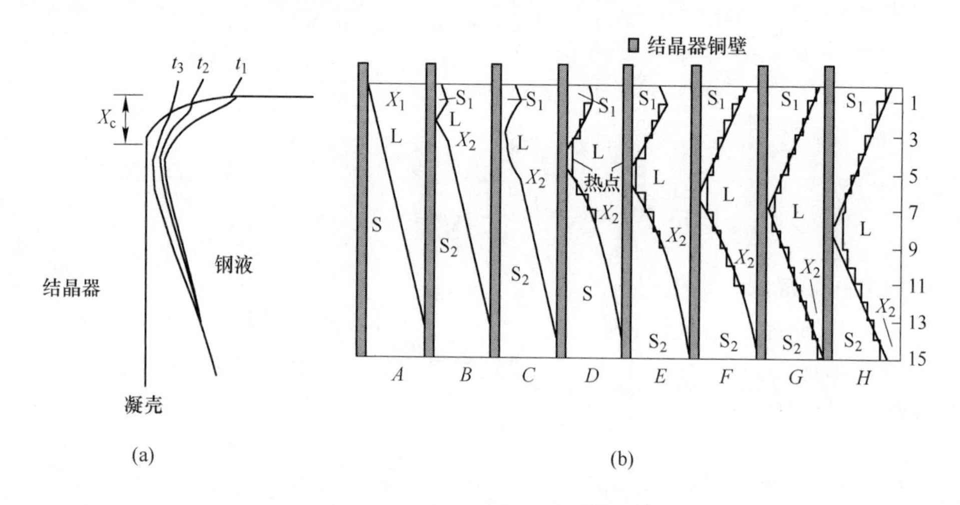

图 1.12 黏结漏钢的形成机理

L—钢液；S—凝固的坯壳

图 1.12（b）描述了热点沿结晶器从 A ~ H 的位置移动过程，A 表示坯壳开始撕裂的位置。在这一位置，坯壳表象是正常的，但是横向阴影线断面已经黏结到 X_1 上面的结晶器壁上。凝固坯壳的连续下拉产生局部塑性变形，直到 X_1 点断裂。作为破裂的结果，X_1 上方的凝壳仍然黏附在结晶器壁上，而 X_1 下方的凝壳随铸坯向下移动。最初位于 X_1 下部位置的点已经下移到现在标记的 X_2（由于它随拉速向下移动）。同时，由于坯壳分开形成空隙，它的上部位置在开始的 X_1 点，下部位置在 X_2 点。然后钢水进入空隙，重新与结晶器接触，在空隙处形成薄的坯壳。当钢水进入空隙与结晶器壁接触时，结晶器铜板温度上升。新形成的坯壳厚度比其他位置的坯壳薄。并且由于凝固时间短，在 X_1 和 X_2 之间的中心处坯壳最薄。在冷却作用下，空隙的上下部坯壳变厚。浇注继续进行，坯壳向下继续移动，第二次撕裂产生在 X_1 和 X_2 之间的中心位置。X_2 按 V_c 继续下拉，而黏附处仍然留在结晶器上，坯壳继续增厚，在空隙处重复进入钢液形成附加的坯壳厚度。图 1.12（b）中的 C 点表示破裂的坯壳有第二次钢水进入和凝固的过程，凝壳以在 B 点同样的方式覆盖在断开的坯壳处。这一过程一直重复到 X_2 到达结晶器底部。此时钢水从空隙中冲出，或者说出结晶器坯壳厚度太薄，不能抵抗钢

水静压力而产生漏钢。

通过图 1.12（b）是对 X_1 和热点的连续移动描述，热点移动速度为拉速的 1/2。此外，需要指出在钢水进入撕裂的空隙时，将形成两个弯月形波痕。这就意味着每一个振动周期将有两个表面凹痕，而不是一个振痕。因此，在黏结漏钢坯壳上表面波痕分开将是正常浇注条件下形成振痕的一半。也就是说，在坯壳断裂前发生了塑性变形，当发生黏结漏钢时，在结晶器以下相当于有效结晶器长度的坯壳将不是典型的正常铸态组织和结晶器坯壳。

一般来说，液相线温度低、合金元素含量高的钢种，黏结倾向更大，因此浇注高碳钢要特别注意控制黏结的发生，特别是在角部附近容易发生黏结。这主要是铜板浇注不同断面宽度铸坯时窄面铜板实际使用次数高，角部的磨损也远大于宽断面的对应部位，而且在浇注窄断面的薄板坯时，浸入式水口流股对边角部的冲击大，保护渣无法正常流入。

保护渣中［CaO］/［SiO_2］偏高时，结晶相增加，液渣膜变薄，造成坯壳与结晶器壁摩擦力增大而发生黏结。

拉速发生变化会引起结晶器表面温度变化，并使得液态、固态渣膜厚度发生变化，但这种温度的变化相对滞后，保护渣恢复到最佳状态所需时间会推迟。拉速变化幅度越大，恢复所需时间越长，频繁的变化拉速，特别是薄板坯连铸高拉速条件下，保护渣若不能及时补充，一旦满足不了润滑的需要即会发生黏结。

结晶器液位波动是坯壳产生黏结的开始。通过对多个浇次的观察，正常液面波动在 ±2mm，而黏结发生时液面波动则超过 ±5mm。在黏结漏钢坯壳上观察到的弯曲或不规则排列密集的振痕，是液位波动异常所致。关于结晶器钢水液位波动对黏结的影响，一种解释认为当结晶器内钢液面上升到与渣圈相接触时，液渣向下的通道将被堵塞造成断渣，钢液面继续上升把渣圈上推使渣圈与固态渣膜分开，钢液与结晶器壁直接接触引起黏结；另一种解释则认为钢液面的升高会产生新的弯月面，在结晶器下振期间与保护渣圈粘连，然后坯壳被振动产生的拉力撕裂。无论哪种解释，结晶器液位的波动均会导致保护渣流入条件恶化，使结晶器壁和坯壳之间液渣不均或断渣，破坏了保护渣的润滑性能，增加了黏结发生的几率。

以上是各种漏钢形式以及形成机制的代表性假说。

1.2.3 漏钢预报技术的发展

漏钢预报技术先后经历了结晶器冷却水进出口温差和结晶器铜板热流量（热流密度）分析、结晶器铜板与坯壳之间的摩擦力监测和结晶器铜板温度监测等三个阶段。通过监测铜板温度来获得漏钢早期信息、实现漏钢预报是当前生产应用中的主要技术途径。

1.2.3.1 基于结晶器热流分析的预报方法

当坯壳发生漏钢或是在结晶器中形成表面缺陷的时候，坯壳表面会形成热点(hot spot)，即坯壳温度较高，并且相对较薄的区域。该区域坯壳的冷却效果较正常浇注时要差，会使冷却水实际带走的热量减少，因此可以通过监测结晶器每个面冷却水的进出口温差来间接检测是否漏钢。但 Shipman 和 Gilles 认为这种方法并不可靠，而应该对结晶器铜板传热量进行监测。以铸机生产某钢种的历史数据中不发生漏钢的最小坯壳厚度为基准，其对应的传热量为临界值，当所测热流量低于该临界值时就可以判定漏钢的发生。

在生产过程中，结晶器传热量可以用式（1.1）来计算：

$$Q_A = \frac{C_P \rho_w w \Delta T}{A} \tag{1.1}$$

式中 Q_A——单位面积的传热量，$cal/m^2 \cdot s$ 或 kW/m^2；

C_P——水的比热，$1.0cal/kg \cdot ℃$；

ρ_w——水的密度，$1kg/m^3$；

w——冷却水流速，1m/s；

ΔT——进出口冷却水的温度差,℃；

A——结晶器表面与钢液的接触面积，m^2。

通过式（1.1）可以在线计算结晶器铜板热流量的值。图 1.13 为典型漏钢事故发生时热流量的变化曲线。为更准确地找到临界最小传热量，Gilles 利用 Bethlehem 钢铁公司漏钢之前的热流量数据确立了一个最小热流量值作为预报漏钢的基准，该最小传热量的计算公式如下：

$$Q_{min} = F\left[\frac{aV_c}{60} + \frac{C_P \Delta T w t \rho V_c}{120(w+t)}\right] \tag{1.2}$$

式中 Q_{min}——结晶器壁最小传热量，kW/m；

F——修正参数；

a——通过先前漏钢分析得到的常数；

V_c——拉速，m/min；

C_P——钢水的比热，$0.19cal/kg \cdot ℃$；

ΔT——钢水的过热度，$T_{tundish} - T_{liquidus}$,℃；

w——结晶器长度，cm；

t——结晶器厚度，cm；

ρ——钢液的密度，g/cm^3。

其中修正参数 F 为实验参数，会受到浇注钢种和结晶器振动模式等因素的影响。式（1.2）可以作为拉速的函数以提供传热参数，计算出拉速与最小传热量的关系，如图 1.14 所示。

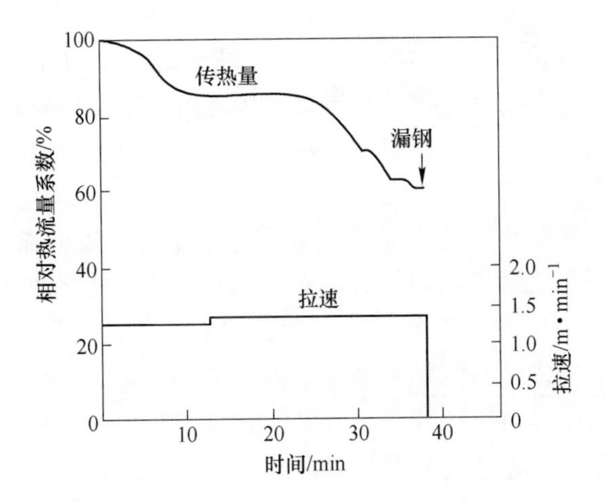

图 1.13 发生漏钢时热流量变化状况

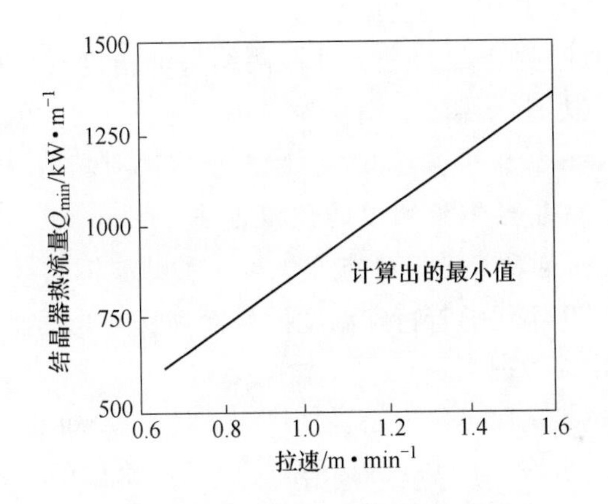

图 1.14 拉速与最小传热量的关系

虽然该方法只可预测由传热量不足而造成的漏钢，但其对随后漏钢预报技术的发展有很大的推动作用。

1.2.3.2 基于坯壳与结晶器铜板之间摩擦力监测的预报方法

坯壳与结晶器铜板之间摩擦力的大小受保护渣性能、钢种、钢水洁净度、拉速、结晶器倒锥度、钢水过热度、结晶器振动以及结晶器液面控制等一系列因素影响。当稳态浇注时，摩擦力大小可以看做是定值。但上述因素变化时会影响到保护渣的进入状态与条件的改变，导致摩擦力发生变化。当黏结漏钢发生时，热点的破裂会使钢水进入结晶器铜板与坯壳之间的气隙，这样进一步减小了气隙的大小，导致摩擦力大大增长。通过这一理论，学者们开始利用摩擦力监测来预报结晶器漏钢和表面缺陷的产生，使用的检测手段包括加速计、负载单元和应力计。

最早利用加速计监测摩擦力的是 CRM 公司开发的 ML Tektor 系统。该系统的核心是紧贴在结晶器壁上的压电传感器。该传感器将振动信号转变为电信号，通过电脑识别给出与摩擦力有关的参数。事实证明其可用于保护渣使用性能的间接反映，对漏钢的预防作用有限。

与加速计相比，负载单元需要安装在结晶器下方。Bethlehem 钢铁公司曾经将其安装在结晶器与振动板之间，而 Kawasaki 却将其安装在两个振动板之间的支撑杆上。负载单元的优点是设备易于保养，但缺点仍是对漏钢行为的产生不敏感，该系统对典型的黏结漏钢的预测概率还不到 70%。

应力计安装在结晶器振动杆上，可以探测到其拉伸、压缩、弯曲、扭转等造成的微小变形。Sollac 钢铁公司曾使用过这一装置来预报漏钢；而 Bethlehem 钢铁公司把应力计安装在结晶器支架和振动臂之间的连接销内。实际生产证明该系统能够监测铸机参数变化和漏钢的发生，系统基于的原理是漏钢发生 5min 前振动曲线会偏离标准振动曲线，并且振幅会减小。

尽管随着摩擦力检测装置的进步其检测结果的精度有所提高，但通过加速计、负载单元以及应力计来监测漏钢行为的缺陷是一致的，就是摩擦力变化受到过多因素的制约，导致预报精度较低，且该系统仅能对黏结漏钢作出预报。

1.2.3.3 基于结晶器铜板测温的预报方法

早在 1954 年 Savage 和 Pritchard 就意识到了黏结漏钢与结晶器铜板热流的关系，但直到 20 世纪 70 年代随着特殊温度信号检测及微处理技术的应用，用热分析方法来预报漏钢才成为现实。

首先出现的结晶器铜板热分析装置是热流量计，Kawasaki 钢铁公司开发了一种直接贴在结晶器铜板冷面的热流监测系统。该热流检测方式类似于热电偶测温，其利用两个测温点信息来计算热流，即计算式（1.3）。

$$Q_A = \left(\frac{k}{d}\right)\Delta T \tag{1.3}$$

式中 Q_A——热通量，kW/m^2；

k——导热系数，W/m·℃；

d——两测温点之间的距离，m；

ΔT——测温点之间的温度差，℃。

热流量计对热流的变化并不敏感，只能够检测到黏结漏钢发生时热流量的大小。

热电偶测温方式是当前大多数漏钢预报系统所采用的主流方式。当发生漏钢或是铸坯存在表面缺陷的时候，由于热点的出现使得其在通过测温点时热电偶所测温度会上升，这是利用热电偶检测漏钢的基本原理。对于中厚板坯铸机而言，测温热电偶的排布有三排、两排和单排等布置形式。除利用热电偶测温外，系统还结合拉速、结晶器冷却水进出水温差、结晶器液面波动以及中包温度等重要参数共同参与漏钢行为的判断。

三排热电偶漏钢预报系统最典型的代表是 Sollac Fos 系统和 Somitomo Metals 系统，奥钢联生产的大型常规板坯铸机的漏钢预报系统也多采用三排热电偶。通常三排热电偶的上两排负责检测是否发生漏钢，然后结合最后一排热电偶的测温数据做铸坯出结晶器时表面质量的判断。

两排热电偶漏钢预报系统与三排热电偶采用类似的逻辑运算模式。最典型的是英国钢铁公司开发的预报系统，其利用纵向热电偶对来对可能发生的漏钢进行预判。

误报一直是困扰漏钢预报系统发展的瓶颈，而降低误报的最好方式就是减少采集信号的数目以降低信噪比。为此，基于黏结漏钢传播的三角形理论，Kawasaki 钢铁公司开发了水平热电偶系统，即单排热电偶系统。

对于薄板坯而言,由于较常规板坯拉速大大增加,因此需要更多的热电偶来对漏钢行为做出及时的判断,如达涅利的 FTSR,其布置的热电偶数量达到 194 个。

以上几种基于热电偶测温的漏钢预报系统均取得了良好的使用效果，可使单流板坯连铸漏钢降低到每年一次以下。随着计算机图像处理技术的发展，有些系统还依据热电偶数据绘制了结晶器铜板的热相图（thermal map），使操作工人对结晶器内温度分布有了更为清晰的直观认识。

参考文献

[1] 孙立根，张家泉．板坯连铸漏钢预报技术的发展现状［J］．钢铁（增刊），2008.10：174－179.

[2] 马学忠．板坯连铸机黏结漏钢与结晶器保护渣的关系［J］．炼钢，1996，2：7－10

[3] J. K. Brimacombe, K. Sorimachi. Crack formation in the continuous casting of steel [J]. Metallurgical Transactions B, 1977 (8B): 489－505.

[4] H. Nakato, M. Ozawa, K. Kinoshita, et al. Factors affecting the formation of shell and longitudinal cracks in mold during high-speed continuous casting of slabs [J]. Trans ISIJ, 1984: 957－965.

[5] 孙风晓．板坯连铸开浇漏钢控制措施［J］．山东冶金，2004，8：10－11.

[6] 安进陆，高广宽，唐艳．板坯连铸生产漏钢原因分析［J］．宽厚板，1999（5），4：23－28.

[7] 童冬民．几种连铸漏钢的分析探讨［J］．南方钢铁，1998，6：8－11.

[8] K. Sorimachi, M. Kuga, M. Saigusa, et al. Influence of mold powder on breakout caused by sticking [J]. Fachberichte Huttenpraxis Metallweiterverarbeitung, 1982 (20), 4: 244－247.

[9] Y. Mimura. Sticking-type breakouts during the continuous casting of steel slabs [D]. University of British Columbia, 1989.

[10] M. Emi. The mechanisms for sticking-type breakouts and new developments in continuous casting mold fluxes [R]. AISI Conf, Dallas, 1990.

[11] Blazek. K. E. 黏结漏钢和悬挂漏钢的研究 [C]. 中国金属协会连续铸钢学会. 第四届国际连铸会议论文集（布鲁塞尔）. 1988: 215 - 227.

[12] A. Delhalle, J. Mariotton, J. Birat, et al. New development in quality and process monitoring on solmer's slab caster [C]. ISS Steelmaking Proc, 1984: 21 - 35.

[13] 卢盛意. 连铸坯质量 [M]. 北京：冶金工业出版社，2000.

[14] 陈雷. 连续铸钢 [M]. 北京：冶金工业出版社，1994.

[15] 蔡开科. 连续铸钢 [M]. 北京：科学出版社，1990.

[16] 蔡开科. 浇注与凝固 [M]. 北京：冶金工业出版社，1987.

[17] 史宸兴. 实用连铸冶金技术 [M]. 北京：冶金工业出版社，1998.

[18] 干勇，仇圣桃，萧泽强. 连续铸钢过程数学物理模拟 [M]. 北京：冶金工业出版社, 2001.

[19] 曹龙汉，孙颖楷，曹长修. 基于粗糙集理论的连铸坯缺陷诊断预报系统 [J]. 重庆大学学报, 2001, 24 (1): 95 - 98.

[20] J. D. Madill, A. S. Normanton, A. Robson, et al. Continuous casting development at British Steel [C]. Steelmaking Conference Proceedings, 1998: 285 - 289.

[21] 郝二虎，毕学工. 基于 MTM 系统的铸坯表面质量控制 [J]. 炼钢, 2003, 10 (5): 45 - 47.

[22] F. Haers, S. G. Thornton. Application of mould thermal monitoring on the two strand slab caster at Sidmar. Ironmaking and Steelmaking. 1994, 21 (5): 78 - 87.

[23] 姜广森，毕学工，金焱，等. 连铸板坯表面质量预报专家系统 [J]. 山东冶金, 2005, 6 (3): 36 - 38.

[24] 金焱，毕学工. 板坯表面质量预报专家系统 [J]. 河南冶金, 2004, 12 (3): 7 - 8.

[25] 李救生，毕学工. 连铸坯质量预报系统发展及我国应用的探讨 [J]. 钢铁研究, 2003, 31 (2): 49 - 52.

[26] H. Preissl, T. Faster. Automatic quality control of cast slabs at the VOEST-ALPINE Steel Works. Steelmaking Conference Proceedings, 1995: 621 - 627.

[27] 卢震，张兴中，倪满森. 专家系统在连续铸钢中的应用 [J]. 钢铁研究学报, 1995, 7 (3): 79 - 84.

[28] 金焱，毕学工. 连铸板坯表面质量预报专家系统 [M]. 2005 中国钢铁年会论文集. 北京：冶金工业出版社, 2005.

[29] 朱建龙，陈鸣旭，陈惠平，等. 连铸专家质量判定系统及其应用 [J]. 江苏冶金, 2002, 11 (6): 28 - 30.

[30] Johannes Schwedmann, Dr. Jurgen Wochnik. Instrumentation system, automation control and quality control for products of the continuous casting process [C]. The Second International Conference on Continuous Casting of Steel, 1997: 356 - 363.

[31] B. Henze, U. Falkenreck, C. Kozok, et al. Xpert quality evaluation for continuous casting quality control [C]. Steelmaking conference proceedings, 1993.

[32] U. Falkenreck, B. Henze, C. kozok, et al. 专家质量评估系统 [C]. 发展中国家连铸会议论文译文集. 中国金属学会, 1993.

[33] 雷曼. 在线铸坯质量评判专家系统 [J]. 钢铁研究, 1998 (3): 15 - 19.

[34] 肖英龙. 日开发铸坯表面质量检测系统 [N]. 中国冶金报, 2002.

[35] 牟柳春. 连铸小方坯质量评判系统的初步研究 [D]. 沈阳: 东北大学, 2004.

[36] Kumar. S, Meech. J. A, Samarasekkkera. I. V, et al. Knowledge engineering an expert system to troubleshoot quality problems in the continuous casting of steel billets [J]. Iron& Steelmaker, 1993, 20 (9): 29 - 36.

[37] K. C. Teh. 依靠人工智能的方坯连铸机质量预测系统的实现 [C]. 第一届欧洲连铸会议译文集. 中国金属学会, 1991.

[38] K. C. Teh, H. M. Lie. 车间过程数据在连铸质量预测模型中的应用 [C]. 发展中国家连铸会议论文译文集. 中国金属学会, 1993.

[39] 杨旗. 攀钢 2#板坯连铸 QCS 质量控制模型 [J]. 四川冶金, 2005, 27 (4): 46 - 48.

[40] Markus Jauhola, Martti Miettinen, Juha Rasanen. 芬兰劳塔鲁基 Raahe 钢厂的连铸机自动化 [C]. 发展中国家连铸会议论文译文集. 中国金属学会, 1993.

[41] Ashok, Kumar, L. K. Sighal. 方坯连铸过程中诊断质量问题的专家系统参谋 [C]. 发展中国家连铸会议论文译文集. 中国金属学会, 1993.

[42] W. R. Irving. Online quality control for continosly cast semis [J]. Ironmaking and Steelmaking, 1990, 17 (3): 197 - 202.

[43] 边权胜. 宝钢板坯连铸漏钢预报系统的开发与应用 [J]. 宝钢技术, 2000 (5): 45 - 47.

[44] 职建军, 文昊, 裴云毅. 宝钢板坯连铸漏钢预报系统 (BBPS) 的开发与应用 [J]. 炼钢, 2001, 17 (3): 24 - 26.

[45] 职建军, 黄可为, 杜斌. 宝钢板坯连铸新一代漏钢预报系统 (BBPS Ⅱ) 的开发实践 [C]. 2005 中国钢铁年会论文集. 北京: 冶金工业出版社, 2005.

[46] 许成信. 连铸品质异常计算机管理技术 [J]. 宝钢技术, 2003 (2): 62 - 65.

[47] 陈向东. L3 在线管理模型在宝钢 250t 炼钢单元的应用 [J]. 冶金自动化, 2001 (4): 47 - 50.

[48] 王志政, 张慧, 那贤昭, 等. 连铸板坯质量判定专家系统应用及原理分析 [J]. 河南冶金, 2006, 14 (3): 6 - 8.

[49] 张兴中. 天津钢管公司圆坯连铸机的质量评估系统 [Z]. 钢铁研究总院内部资料, 1992.

[50] 谷立功. 运用过程计算机在线控制连铸坯质量介绍 [C]. 第五届连续铸钢学术会议论文集. 中国金属学会连续铸钢学会, 1995.

[51] 王保卫, 高新军, 王三忠. 板坯连铸计算机辅助质量保证系统 (CAQA) 的组成及应用 [J]. 湖南冶金, 2002 (6): 37 - 39.

[52] 张茂存, 刁承民, 亓立峰, 等. 济钢第三炼钢厂板坯连铸机计算机质量控制模型 [J]. 山东冶金, 2003, 25 (增刊): 145 - 146.

2 安全坯壳厚度的研究与实践

因传热不足造成的漏钢是连铸早期常见的一种漏钢形式。其产生的主要原因是初生坯壳在出结晶器后由于不能抵御钢水静压力的作用而在结晶器出口处或是在后续二冷段辊列处破裂，形成漏钢。因此出结晶器时，只有保证一定的坯壳厚度才能避免这类漏钢的产生，但至今尚未有学者给出避免这类漏钢所需的结晶器出口安全坯壳厚度。

另一方面，连铸的核心任务是高效地生产合格铸坯。理论上，在保证出结晶器后坯壳形状稳定性的前提下，出口坯壳厚度越薄越好。坯壳过厚意味着出结晶器坯壳表面温度一般也过低，铸坯表面温度回升相应加大，从而产生较大的热应力。但出口坯壳过薄，即使不漏钢，也将会造成其出结晶器后的严重鼓肚，从而导致铸坯容易产生形状缺陷和后续辊列间的交变机械变形疲劳开裂等一系列质量问题。因此，出结晶器安全坯壳厚度确定同时也是连铸设备与工艺设计中十分关注的问题。

尤其对于一些收缩敏感性钢种，如包晶钢，若结晶器内坯壳过厚，因相变收缩大，很容易造成铸坯偏离角处因气隙相对较大、当地坯壳变薄而引起的热应力集中开裂，产生常见的偏离角纵裂漏钢。为此，这类钢种一般需要结晶器弱冷，但又必须保证有一个安全坯壳厚度。因此，分析估算其安全坯壳厚度对结晶器冷却制度的确定、铸机足辊间距的设计乃至后续辊列与冷却强度优化都具有重要价值。

在铸机设计中，安全坯壳厚度应该是一个涉及很多方面的系统问题。一方面，确定断面大小后，坯壳的安全坯壳厚度可以影响到结晶器铜板设计以及二冷辊列、辊距设计两个方面；而另一方面，当铸机的辊列、辊距设计完成后，又会影响安全坯壳厚度的大小。当前对这一问题的研究只停留在利用漏钢坯壳测量的坯壳厚度来估计出结晶器时坯壳的厚度或使用示踪剂来测量某一位置在某一阶段的坯壳厚度。上述方法对于模型计算的优化调整有一定的作用，而对出结晶器时所需最小坯壳厚度即安全坯壳厚度的作用有限。因此，安全坯壳厚度研究是连铸技术发展的一个重要方面，特别是当前大力发展高效连铸的前提下，如何进一步开发现有铸机的效率对实际生产具有非常重要的意义。

相比于黏结漏钢和悬挂漏钢，因传热不足造成漏钢的预防可以不用结晶器测温热电偶系统，这样有利于简化漏钢预报的逻辑以提高对其他类漏钢行为的预报成功率。此外，鉴于板坯、大方坯和小方坯及其铸机结构上的差异，本章将分别针对上述3种坯型的安全坯壳厚度进行分析。

2.1 安全坯壳厚度模型的建立

所谓安全坯壳厚度是指结晶器出口坯壳抵御钢水静压力而不变形的基本坯壳厚度。因此，安全坯壳厚度与所浇注钢种在当时温度条件下的强度息息相关。而碳钢在不同温度下其所具有的屈服强度和极限强度不同，且不同钢种在相应温度下的强度也不同，所以在浇注不同钢种和不同断面铸坯时，其所需安全坯壳厚度是不同的。因此，研究铸坯的安全坯壳厚度有必要首先研究碳钢的高温力学性能。

2.1.1 碳钢的高温强度拉伸试验

在1993年，北京科技大学的蔡开科教授就测量了40个典型钢种的高温力学性能，图2.1（a）~（d）显示了部分钢种的高温力学性能测试结果。

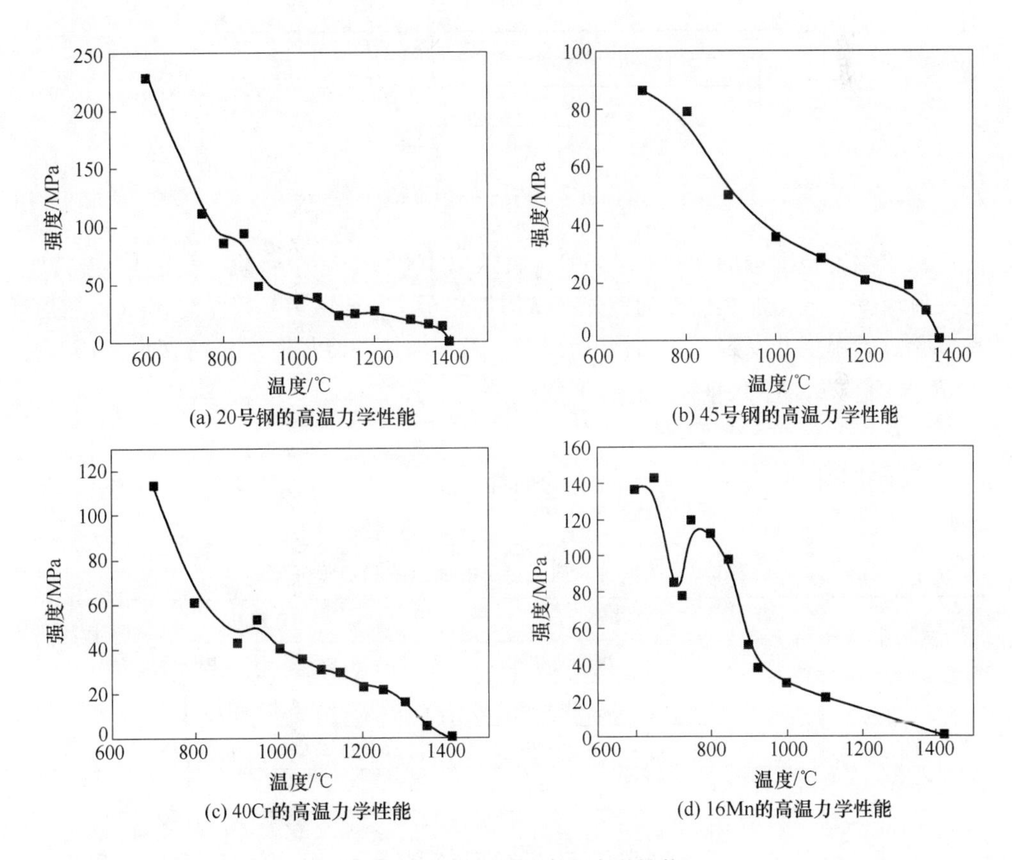

图2.1 部分钢种的高温力学性能

以上4个钢种的来源见表2.1，不同生产工艺下同一钢种的性能略有不同。

表2.1 高温力学实验所使用的试样来源

钢　种	来　　源	钢　种	来　　源
20	成都无缝钢管厂	40Cr	天津特殊钢厂
45	天津特殊钢厂	16Mn	舞阳钢铁公司

2.1.1.1　实验准备

为了更好地分析Q235和SPHC两钢种的高温力学性能，本研究做了这两钢种的高温拉伸试验。

实验选用Gleeble2000热模拟机，重点研究连铸过程主要温度范围内的力学性能。从生产中的Q235和SPHC两个钢种的铸坯横断面截取切片，去除烧割层，并沿垂直于柱状晶方向切取一定数量的试样，试样尺寸如图2.2所示。

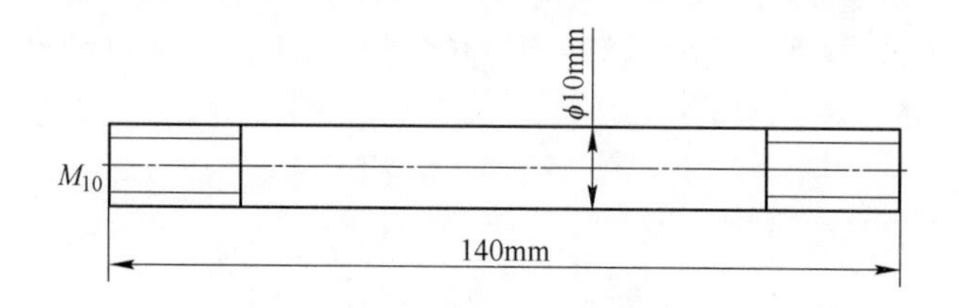

图2.2　铸坯拉伸试样

试验温度范围选取700～1400℃，大致以100℃为一个台阶，高温拉伸方式为控制应变方式。加热历史为：先将试棒加热至T_{max}=1430℃并保温3min，然后冷却至试验温度并保温5min后开始拉伸，其中加热和冷却速率分别取R_h=10℃/s、R_c=10℃/s，应变速率为5×10^{-3}/s。

2.1.1.2　实验结果分析

实验获得的两钢种系列高温下的面缩率和极限强度如表2.2和图2.3、图2.4所示。

表2.2 两钢种对应温度下的面缩率和极限强度

温度/℃	Q235		SPHC	
	面缩率/%	极限强度/MPa	面缩率/%	极限强度/MPa
700	87.65	104.38	73.78	118.79
800	75.18	75.20	57.95	78.67
900	72.73	81.14	6.48	50.07
1000	87.85	49.73	9.75	39.84
1100	86.83	33.82	28.79	39.30

续表 2.2

温度/℃	Q235		SPHC	
	面缩率/%	极限强度/MPa	面缩率/%	极限强度/MPa
1200	69.43	22.20	82.77	23.27
1300	48.65	10.94	42.40	26.75
1400	0.80	0.95	19.34	—

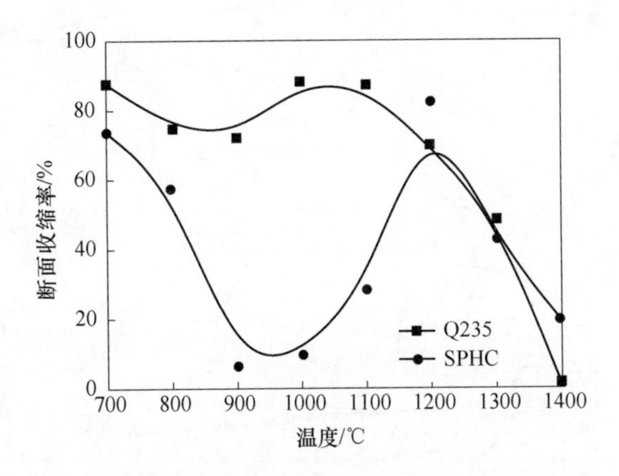

图 2.3 两钢种面缩率与温度的关系

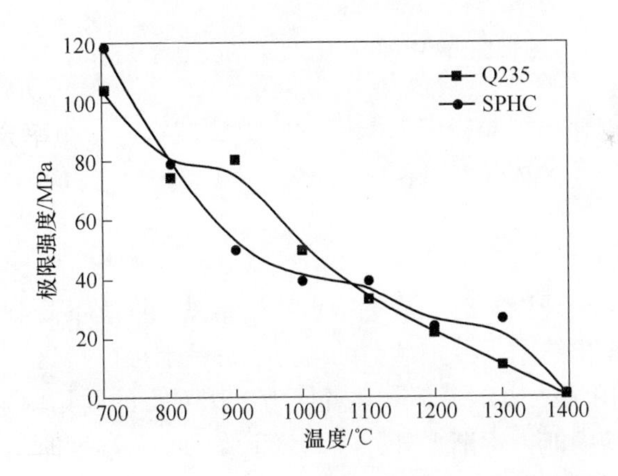

图 2.4 两钢种极限强度与温度的关系

由实验结果可见，Q235 和 SPHC 两钢种的裂纹敏感区间分别在 900℃ 和 850℃左右，此时两钢种高温塑性相对较低，连铸相关操作应避开这一区域。

图 2.5（a）、（b）分别是 Q235 和 SPHC 两钢种在对应温度下通过试样载荷和位移关系获得的应力应变曲线。

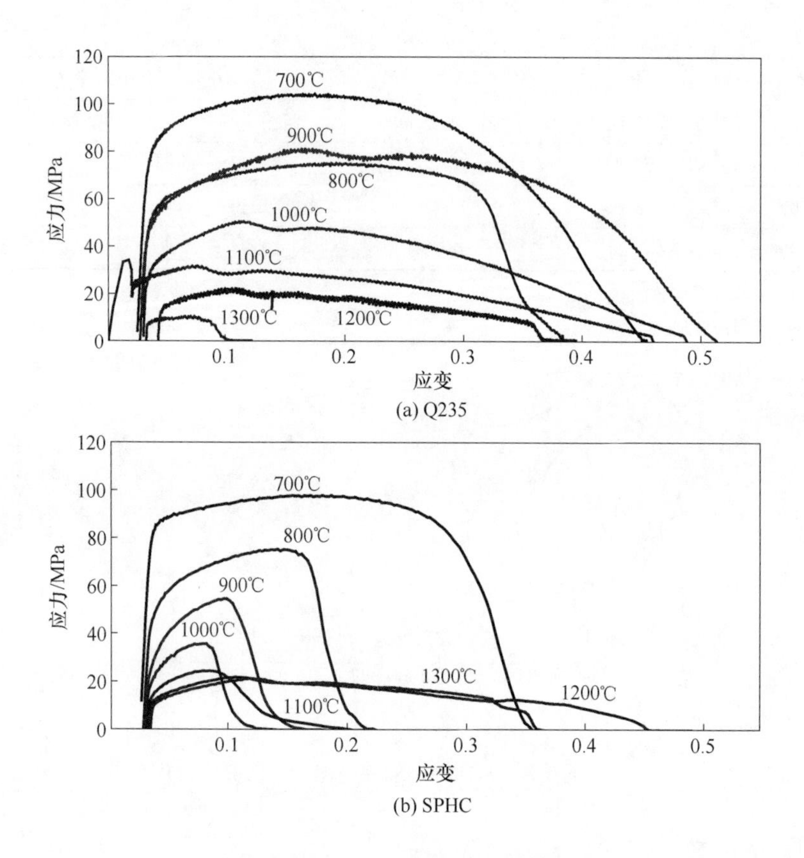

图 2.5　两钢种对应温度下的应力应变曲线

鉴于亚包晶钢种在结晶器中的凝固裂纹敏感性较大，本章将以 Q235 为例分析铸坯出结晶器的安全坯壳厚度。

2.1.2　强度计算模型研究

当温度降至液相线以下时，液态钢水开始结晶，继续下降到某一温度时，凝固形成的枝晶表现出能承受一定载荷的能力，理论上可以将这一临界温度定义为“零强度温度”，用 *ZST* 表示。部分学者认为 *ZST* 对应的固相率为 0.8。继续冷却时，枝晶承受载荷的能力逐渐上升，当温度下降到某一温度时钢开始表现一定的延展性。此时的温度定义为“零塑性温度”，用 *ZDT* 表示，其对应的固相率为 1。

对于本节而言，由于“零塑性温度”时钢的强度也十分微弱，近乎为零，并且目前“零强度温度”方面的研究还存在很多争议，因此选择“零塑性温度”点，即凝固温度作为钢极限强度和屈服强度的零点。

坯壳强度与坯壳厚度无关，它主要取决于坯壳的温度，但坯壳所承受的拉伸应力与坯壳厚度有关。对于刚出结晶器的坯壳而言，影响其强度的因素是坯壳外表面温度、坯壳内温度梯度和坯壳内表面温度。实际生产中，为控制铸坯表面温度不进入脆性区并且要求坯壳具有尽可能大的强度，通常把 Q235 的表面温度控制在1000℃以上，但理论上只要坯壳具有足够的强度，其表面温度越高越好，最好在整个连铸冷却过程中不出现回温。对于坯壳内表面温度，由于本节认为坯壳在低于固相线温度时开始具有有意义的强度，因此可以把固相线温度作为坯壳的内表面温度。坯壳内部的温度在坯壳外表面温度和坯壳内表面温度即固相线温度之间，有一些学者把它近似为线性分布。但通过大量的模型计算结果分析可知，靠近铸坯外表面的节点温度变化要大大高于靠近内表面的节点，因此可以把这一温度分布看作方均根分布，如式（2.1）所示：

$$T_m = a\sqrt{s} + b \tag{2.1}$$

式中 T_m——坯壳内部温度,℃；

a，b——系数；

s——距坯壳外表面的距离，m。

对于连铸而言，为了避开在脆性区对铸坯进行矫直，要保证铸坯温度高于某一确定温度。如 Q235 要保证铸坯表面温度高于 950℃，因此可以对该钢种在这一温度以上的温度与强度关系进行曲线拟和，得到近似的曲线函数关系。Q235 屈服强度与温度关系拟合曲线如图 2.6 所示。

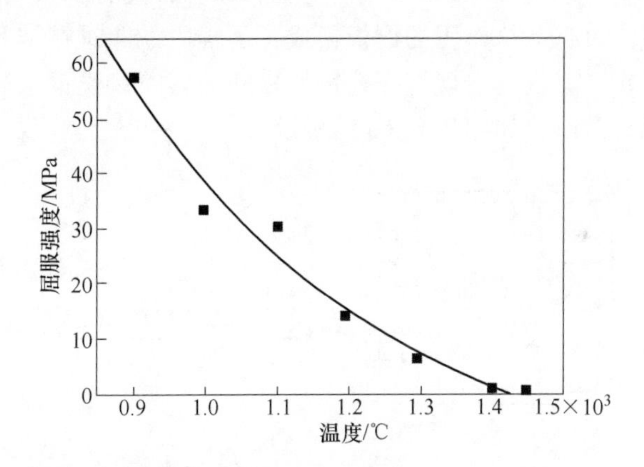

图 2.6 屈服强度与温度关系拟合曲线

通过图 2.6 拟合的强度—温度曲线，就可以得到任意温度下 Q235 钢的强度。如图 2.7 所示，坯壳的强度是由不同温度下的 Q235 钢的强度共同作用所产生的，可以通过积分来确定，如式（2.2）所示。

$$Q = \int_0^e Q_m \mathrm{d}x \tag{2.2}$$

式中 Q——坯壳的强度，MPa；

m——可以为 q 或 l，表示屈服强度和极限强度的拟合；

e——坯壳的厚度，m。

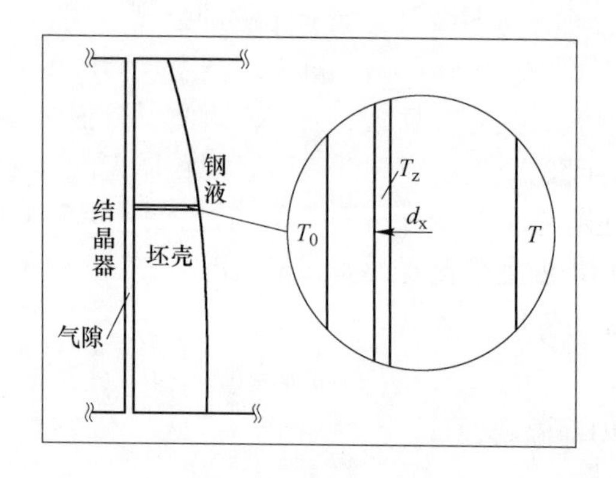

图 2.7 坯壳强度分析图

2.1.3 拉伸应力计算模型研究

初生坯壳要承受钢水静压力作用，在结晶器内由于受到结晶器铜板的支撑作用和强制冷却，坯壳不会发生向外的鼓胀。当铸坯出结晶器时，先前的强制导热转换成对流换热，而起支撑作用的铜板换成了足辊段，此时在结晶器与辊子的空隙或是辊子之间的空隙就会出现坯壳在铸坯横断面方向只受钢水静压力作用的情况。坯壳简要的受力情况如图 2.8（a）所示。

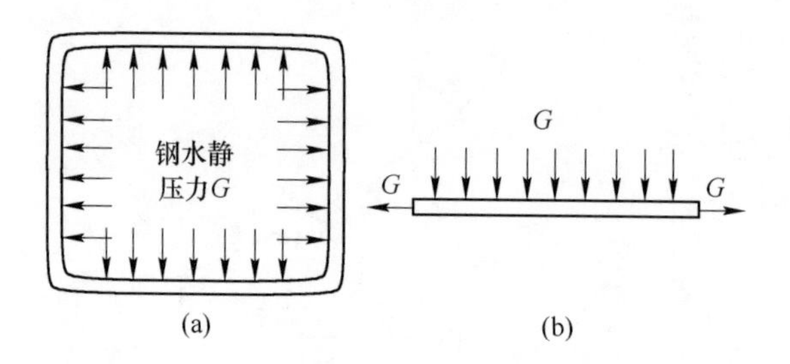

图 2.8 坯壳受力图

对于方坯和板坯而言，坯壳的四个面均为平面。在横断面方向为四条梁，受力模型可以简化为近似简支梁模型，如图 2.8（b）所示。平面内坯壳承受垂直方向上的均布钢水静压力作用，在水平方向由于两侧坯壳承受钢水静压力作用，因此认为其承受方向相反的钢水静压力。在实际浇注过程中，坯壳承受的钢水静压力不完全取决于当前位置距结晶器自由液面的高度，铸坯断面大小以及结晶器浸入式水口形状也是重要的影响因素。在极限条件下，若直入式水口的大小与铸坯断面的大小相同，则钢水静压力为当前位置到中间包自由液面高度所产生的压力，基于以上原因特设定一个水口影响参数：

$$m=\frac{S_{sen}}{S_{cro}} \tag{2.3}$$

式中 S_{sen}——直入式水口的出口面积，对于大板坯的水口影响参数可以忽略不计，m^2；

S_{cro}——铸坯断面的大小，m^2。

则总的静压力 G 可以由式（2.4）计算得到：

$$G=G_m+mG_s \tag{2.4}$$

式中 G_m——结晶器段钢水静压力，MPa；

G_s——中间包段钢水静压力，MPa。

简支梁模型的最大弯矩可由式（2.5）计算得到：

$$M_{max}=\frac{1}{8}ql^2 \tag{2.5}$$

式中 q——正应力，MPa；

l——简支梁的长度，即坯壳断面的长或宽，m。

将坯壳截面看作矩形，则弯曲截面系数 W_z 为：

$$W_z=\frac{1}{6}be^2 \tag{2.6}$$

式中 b——铸坯断面在纵向上的单位长度，1m；

e——铸坯坯壳的厚度，m。

计算出最大弯矩和弯曲截面系数后，可由式（2.7）计算坯壳所承受的应力大小：

$$\sigma_{max}=\frac{M_{max}}{W_z} \tag{2.7}$$

计算出的应力可以和坯壳强度相比较，当应力小于坯壳强度即表明坯壳可以承受钢水静压力，坯壳强度对应的坯壳厚度即为最小坯壳厚度。

2.2 计算结果分析

2.2.1 坯壳强度与可承受力分析

当坯壳外表面温度确定时，由于其内表面是固相线，所以所拥有的强度为定值，可承受力的大小随坯壳的厚度增大而增大。

如图 2.9 所示，在单位长度下，坯壳可承受的力是关于坯壳表面温度和坯壳厚度的二元函数。当坯壳表面温度确定时，坯壳可承受的力与坯壳厚度呈线性关系，其比例因子为坯壳强度。当坯壳厚度一定时，坯壳可承受的力可以看作坯壳强度的函数。图 2.9 的意义在于，在结晶器内，坯壳外表面温度是一个变化的量，而在立体图中由于坯壳可承受的拉伸应力取决于坯壳外表面温度变化和坯壳厚度。因此，在立体面中可以找到一条曲线，而这条曲线与实际生产过程中坯壳强度的变化相对应。这对实际生产有一定的指导意义。坯壳在不同表面温度下的强度如图 2.10 所示。

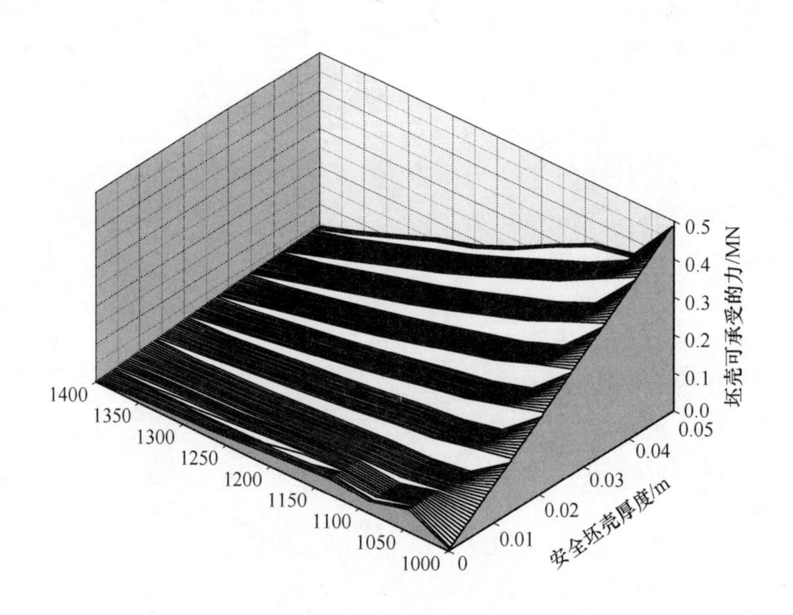

图 2.9 坯壳可承受力与坯壳厚度、表面温度的关系

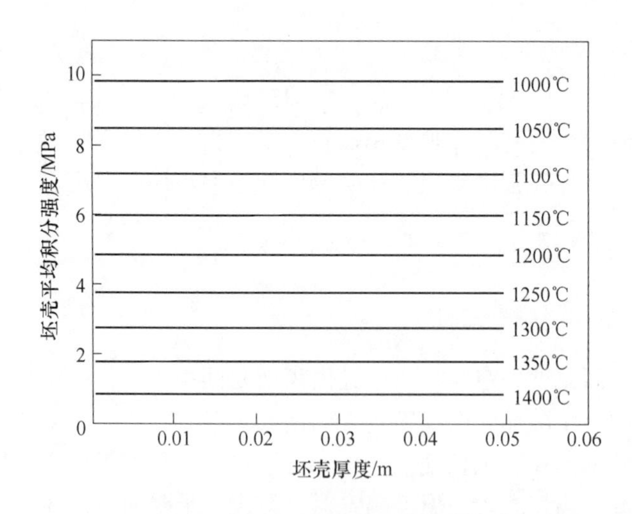

图 2.10 不同表面温度下坯壳的强度

从图 2.10 可以看到，坯壳的强度随着表面温度的降低而升高。Thomas 等人通过实测得到初生坯壳产生的一瞬间时其强度为 0.1 ~ 0.4MPa，这与本节所计算出的坯壳表面温度为 1400℃时坯壳的强度接近，从另一个方面验证了模型的可靠性。

对于小方坯、小断面大方坯而言，由于其支撑辊及拉矫辊较少，坯壳主要靠其自身的结构来避免鼓肚以及漏钢。而对于大断面大方坯和板坯而言，其拥有较多的辊列，这在很大程度上补偿了坯壳结构所承受的拉伸应力作用。因此，对于大断面大方坯和板坯，其可承受最大拉伸应力的标准应该考虑到其最小辊列的作用。图 2.11 是小方坯、大方坯、板坯在不同条件下的坯壳强度曲线。

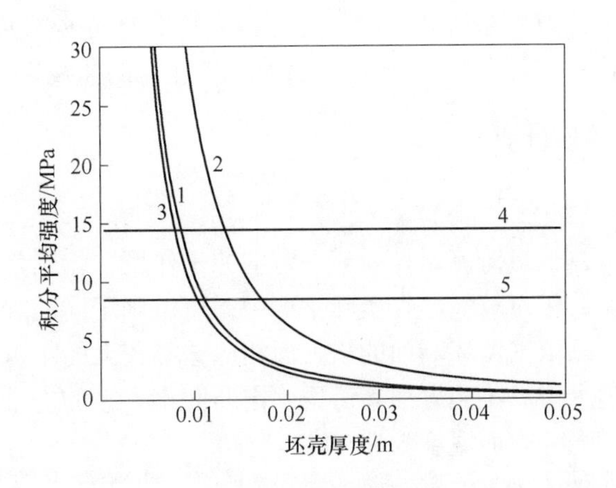

图 2.11 不同坯形随坯壳厚度变化所承受的拉伸应力与强度的关系

1—120mm 小方坯坯壳强度曲线；2—最小辊距 250mm 时大断面大方坯坯壳强度曲线；3—最小辊距 150mm 时板坯坯壳强度曲线；4—1050℃时坯壳极限强度；5—1050℃时坯壳屈服强度

图 2.11 中曲线 4 是坯壳表面温度为 1050℃时坯壳的极限强度。曲线 5 是坯壳表面温度为 1050℃时坯壳的屈服强度，它们是衡量坯壳是否达到可用强度的标准。其余 3 条曲线分别是断面宽度为 120mm 小方坯坯壳所承受拉伸应力的变化曲线、最小辊距为 250mm 大方坯坯壳所承受拉伸应力的变化曲线和最小辊距为 150mm 板坯坯壳所承受的拉伸应力的变化曲线。

当坯壳所承受拉伸应力大于坯壳极限强度时，坯壳将无法承受这一应力，当到达结晶器出口时会立即造成因传热不足而发生的漏钢事故。当坯壳所承受的拉伸应力在极限强度和屈服强度之间时，坯壳会发生鼓肚，这也是实际生产中需予以避免的。鼓肚往往会带来一系列的铸坯质量问题，同时鼓肚过量也会造成随后二冷区发生因传热不足而发生的漏钢事故。而当坯壳所承受应力小于屈服强度时，坯壳不会发生鼓肚现象，因此可认为其是良坯区间。为保证实际生产的顺行和铸坯质量，本节把屈服强度对应的坯壳厚度称为安全坯壳厚度。实际生产过程中为提高铸坯产量，结晶器冷却控制的目标就是在坯壳厚度大于安全坯壳厚度的范围内，尽量向安全坯壳厚度靠近。

图 2. 11 中曲线 1、2、3 分别于曲线 5 有一个交点，而这个交点就是在相应的出结晶器时坯壳外表面温度确定下，该型铸坯应具有的安全坯壳厚度。将图 2. 11 中的曲线与图 2. 10 结合可以发现，坯壳表面温度越高，其安全坯壳厚度应越大。当出结晶器时铸坯表面温度为 1050℃，断面为 120mm 的小方坯（水口影响参数为 0. 2）对应的安全坯壳厚度为 12mm 左右；最小辊距为 150mm 的板坯对应的安全坯壳厚度为 10. 5mm 左右；而最小辊距为 250mm 的大断面大方坯对应的安全坯壳厚度为 17. 5mm 左右。

值得注意的是，钢水在结晶器内的冷却过程中，坯壳外表面温度是变化的，但无论如何变化其必定是在图 2. 10 这个面上一条连续的曲线。

2. 2. 2 安全坯壳厚度计算

2. 2. 2. 1 小方坯计算结果分析

就小方坯而言，水口铸流对坯壳有一定的冲击作用，特别是在浇注小断面铸坯时，水口影响参数相对较大。在实际生产中，可以利用同一规格水口浇注不同断面的铸坯，还可以依据铸坯断面的增大而相应选择较大的水口。本节从固定水口影响参数和固定水口大小两方面来讨论确定断面小方坯的安全坯壳厚度，本节中假定出结晶器坯壳外表面温度为 1000℃。

A 固定水口影响参数

水口影响参数 m 值相对较小，以其值分别为 0. 2、0. 3 进行讨论，具体计算结果如图 2. 12 所示。

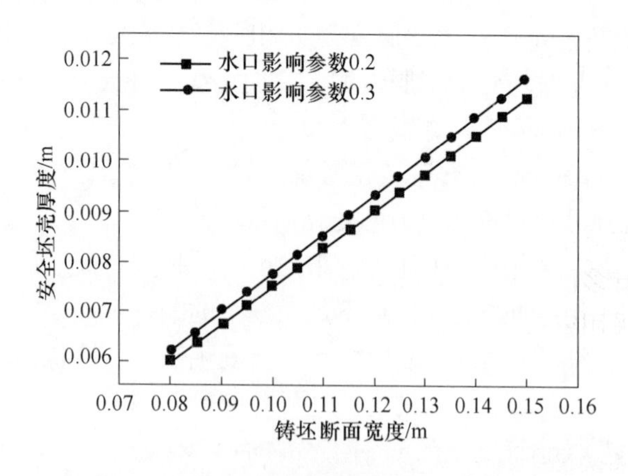

图 2. 12 水口影响参数变化时安全坯壳厚度的变化

由图2.12可知，水口影响参数的大小对铸坯出结晶器时所需安全坯壳厚度有一定影响，但影响不大。对于浇注断面宽度为150mm^{2}以下的小方坯而言，其最大差距不到0.4mm，出结晶器时坯壳的外表面温度是安全坯壳厚度最大的影响因素。

B 固定水口大小

如果在浇注150mm^{2}以下的小方坯时均采用同一水口，则水口影响参数为一定值，本节选用直径为50mm的水口作为算例，计算结果如图2.13所示。

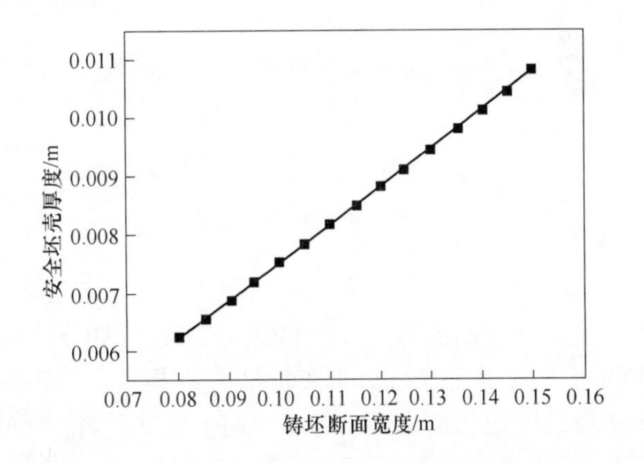

图2.13 固定水口大小时不同断面小方坯的安全坯壳厚度

由图2.13可以看出，采用同一水口浇注，当浇注小断面铸坯时，所需的安全坯壳厚度与固定水口影响参数得到的结果相比相对较大，相差为0.22mm（与水口影响参数为0.2时相比）；而在浇注大断面铸坯时又较小，相差为-0.45mm（与水口影响参数为0.2时相比）。这也说明，在实际的生产过程中，通过水口的改进不仅可以改善结晶器内钢水的流动场，还可以降低铸坯出结晶器的安全坯壳厚度，从而进一步提高铸机拉速，提高铸坯质量，实现高效连铸。

2.2.2.2 大方坯计算结果

大方坯由于浇注断面在宽度和厚度上均较大，水口出口面积与断面面积之比很小，因此不考虑水口大小对坯壳内壁的冲击。与此同时，由于大方坯出结晶器时在二冷零段有多段密排辊，因此当最小辊距小于铸坯断面宽度时，简支梁模型中梁的长度将采用密排辊的最小辊距。这是因为辊子与坯壳的接触为线接触，而在辊子之间取一断面，其正好构成近似简支梁模型，而坯壳断面由于受到辊子支撑，断面对坯壳的变形作用较小，故不予考虑。而当最小辊距大于坯壳断面宽度时，近似简支梁模型中梁的长度仍选用铸坯断面宽度。大方坯随着断面的增加，其坯壳厚度增加的关系如图2.14所示。

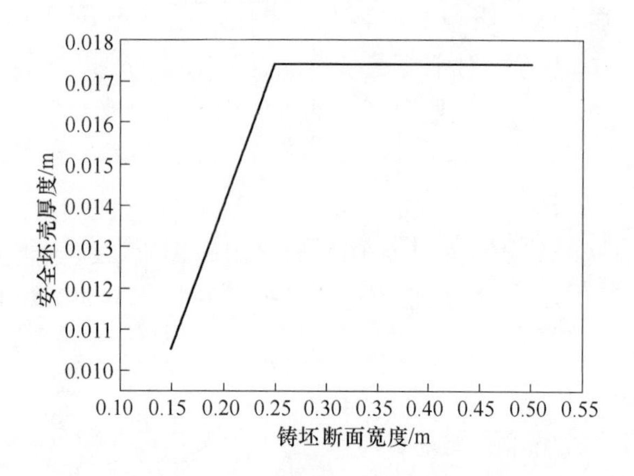

图 2.14 最小辊距为 0.25m 时大方坯断面宽度与坯壳厚度的关系

图 2.14 是最小辊间距为 0.25m 时大方坯断面与安全坯壳厚度的关系，本节中假定出结晶器的坯壳外表面温度为 1050℃。在该辊间距下，铸坯断面宽度从 150mm 增大到 500mm 时，其安全坯壳厚度曲线存在拐点。当铸坯断面宽度小于 250mm 时，铸坯本身的断面结构是钢水静压力的主要支撑者；随着断面宽度增加其要求的安全坯壳厚度也要增大。当断面宽度大于 250mm 时，随着断面宽度的增大，安全坯壳厚度几乎不变。这是因为，此时最小辊间距是坯壳内钢水静压力的主要支撑者。如图 2.14 所示，当坯壳外表面温度为 1050℃时，断面宽度 250mm 以上大方坯的安全坯壳厚度约为 17.4mm，这也与现场得到的结果一致。

以上结果还表明，在大方坯铸机辊列布置设计中，当坯壳厚度增加到一定值时，可以简化其支撑辊列长度或密度。

2.2.2.3 板坯计算结果

与小方坯、大方坯相比，板坯的安全坯壳厚度研究相对简单，这是因为板坯在设计过程中比较复杂，特别是二冷段的辊列设计部分。因此，在铸坯断面宽度远大于最小辊距的条件下，仅需考虑最小辊距的大小。而且对于板坯而言，其水口均采用多出口带倾角设计，因此其对坯壳内表面冲击较小可以不予考虑。如果板坯结晶器装备有电磁搅拌装置，则应考虑适当加大坯壳厚度，以抵消坯壳内部钢水流场的冲击作用。如果最小辊距为 0.15m 时，其安全坯壳厚度大小如图 2.15 所示。

本节中假定出结晶器的坯壳外表面温度为 1050℃，对于板坯而言，其安全坯壳厚度取决于最小辊距，当最小辊距为 0.15m 时，浇注 Q235 包晶钢所需的最小坯壳厚度为 10.4mm。

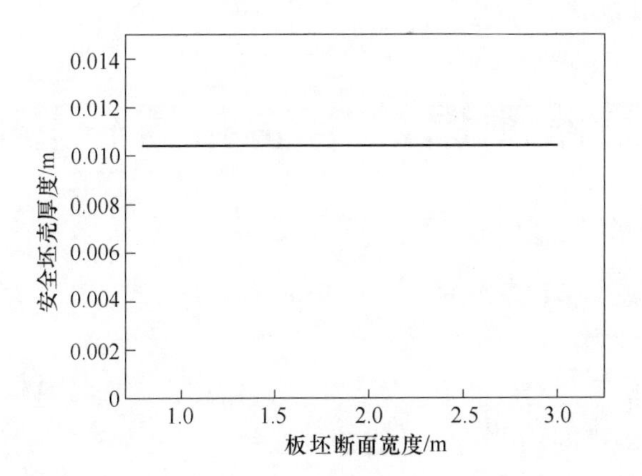

图2.15 最小辊距为0.15m时板坯断面宽度与坯壳厚度的关系

参考文献

[1] Sun Ligen, Li Huirong, Zhu Liguang. MEST of round blooms with different foot roll pitch designing for peritectic steel casting [J]. Advanced Materials Research, 2012, 402: 147 - 150.

[2] Sun Ligen, Li Huirong, Zhang Jiaquan. Minimum mould exit shell thickness of round blooms for peritectic steel casting [J]. Advanced Materials Research, 2011, 421, 179 - 183.

[3] Sun Ligen, Cui Lixin, Zhang Jiaquan. Minimum mould exit shell thickness of blooms for peritectic steel casting [J]. Journal of Iron and Steel Research International, 2008, 11, suppl: 297 - 301.

[4] Gunter Funk, Jurgen R. Bonmer, Franz N. Fett, et al. Coupled thermal and stress-strain models for the continuous casting of steels [J]. Steel Research, 1993, 64 (5): 246 - 254.

[5] Chunsheng Li, B. G. Thomas. Thermomechanical finite-element model of shell behavior in continuous casting of steel [J]. Metallurgical Transactions B, 2004 (35B), 10: 1151 - 1172.

[6] 杨秉俭，黄尊贤．板坯连铸结晶器内凝固壳的测定与分析 [J]. 特种铸造及有色合金，1998, 3: 7 - 9.

[7] 蔡开科，党紫九．连铸钢高温力学性能专辑 [J]. 北京科技大学学报，1993 (15), sup2.

[8] Sumio Kobayashi, Tsuneaki Nagamichi, Koki Gunji. Numerical analysis of solute redistribution during solidification accompanying δ/γ transformation [J]. Transaction ISIJ, 1988 (28): 543 - 552.

[9] 王迎春．连铸过程仿真与质量控制系统 [D]. 唐山：河北理工大学，2001.

[10] 黄孟生，赵引．工程力学 [M]. 北京：清华大学出版社，2006.

[11] G. Xia, R. Martinelli, Ch. Furst, H. Preblinger. Mathematical simulation of steel shell formation in slab casting [C]. CCC, Linz/Austria, Innovation Session, Paper No. 6, 1996: 1 - 10.

3 结晶器测温热电偶布置位置的优化

目前，常规板坯铸机漏钢预报系统常见的测温热电偶排布方式有沿铜板高度方向呈三排、两排和单排等多种热电偶布置形式，每一排均分布一定数量的热电偶以保证对漏钢信号的有效捕捉。对于薄板坯铸机，由于拉速较常规板坯大大增加，需要布置更多排的热电偶来及时捕捉漏钢信号，如达涅利的 FTSR 结晶器，宽面十排、窄面七排，共使用热电偶多达 194 个。

国内钢厂目前正在使用的漏钢预报系统多为国外成套引进。即使是国产漏钢预报模型其基于的热电偶测温系统也大多是国外同类设备的仿制品。由于对结晶器热状态及其特点缺乏深入的认识，在热电偶的安装布置与模型使用效果方面存在一系列问题，如：

（1）国内企业对引进结晶器测温系统的设计及布置原理缺乏认识，相应的技术点由国外铸机制造商所垄断。

（2）引进的系统由于对新的生产环境不适应，会出现各种各样的问题，如过多的误报或漏报等。现场使用时常常将操作不当带来的问题归咎于漏钢预报系统，并将漏钢预报系统弃之不用。

（3）铜板在超过使用周期后需要下线修磨，但重新安装热电偶时缺乏对安装深度的理论指导，进而造成修磨后的结晶器在使用过程中漏钢预报效果变差。

以上说明，研究结晶器铜板测温热电偶的布置原理十分必要，不仅有利于对漏钢典型信号的捕捉，提高预报成功率，指导实际生产，并且对自主开发或改进漏钢预报系统也有重要的意义。

3.1 测温热电偶布置的依据

无论采用何种热电偶排布方式，首先要保证参与漏钢预报运算数据的可用性。一方面，结晶器正常工作时，如图 3.1 所示，铜板热面温度从弯月面开始沿高度方向迅速下降，直到稳定坯壳形成以后铜板温度的下降才趋于平缓。如前文所述，当黏结漏钢在结晶器内产生时，其实际是初生坯壳某一局部在结晶器中不断地撕裂、焊合、再撕裂、再焊合这样一个周而复始的过程。其中这一局部可称为黏结热点，当这一黏结热点出结晶器时则会发生漏钢。

黏结热点在结晶器内随着铸坯逐渐下降，每次钢液在热点渗出就相当于结晶

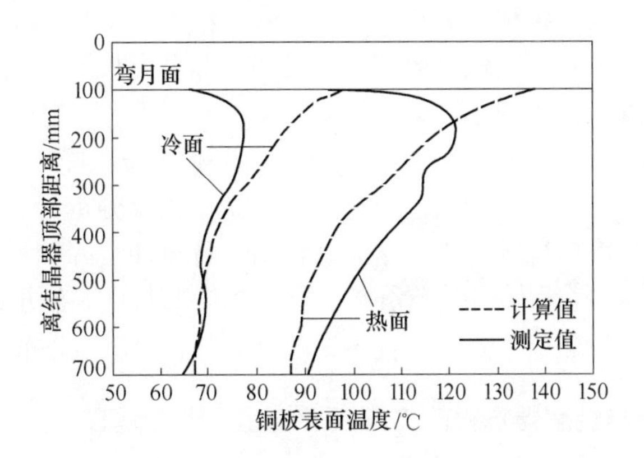

图 3.1 结晶器铜板表面温度计算值

器内一个新弯月面的产生。如果铜板各排测温热电偶的位置离弯月面均较近，则结晶器内有漏钢行为出现时其检测到温度与正常状态下的检测值相差不大，特别是在结晶器振动和其他因素的干扰下，相对较小的温度波动差值很难把漏钢行为和正常凝固行为区分开。相反，检测到的温度信号与正常条件下的温度差越大，反而越容易把因各种原因引起的较小的温度波动排除，进而提高系统预报的精确度。因此，就结晶器铜板热面温度分布特点而言，在温度下降相对稳定的结晶器铜板区域进行温度检测更容易获得典型的漏钢信号。

本节将这一热电偶布置方式称为检测温度信号的“典型性”。而另一方面，实际生产中测温热电偶的失效多是因为正常生产时铜板局部应力应变过大，导致热电偶与铜板的焊接点断裂，进而使热电偶所测温度失真。因此，选择铜板应力应变相对较小的位置布置热电偶是获得稳定的测温信号的一个重要途径。本节将这一热电偶布置方式称为检测温度信号的“稳定性”。

如前所述，常规板坯结晶器铜板热电偶测温系统有单排、两排、三排甚至多排之分，但三排及三排以上的热电偶分布其大多仅用其中的两排热电偶负责漏钢预报，而其余的热电偶更多地被用来做质量预报。为获得更为合理的漏钢预报温度信号，并且扩大前述“典型性”、“稳定性”理论的运用范围，本节仅对一排热电偶，即对于多排热电偶系统而言参与漏钢预报运算的结晶器铜板最后一排测温热电偶的合理布置进行分析，以期能够指导各类漏钢预报系统测温热电偶布置位置的选择。选择最后一排热电偶作为研究对象，主要考虑两个因素：一是对于漏钢信号的捕捉要越早越好，以利于对漏钢的预防；二是最后一排参与漏钢预报运算的热电偶温度数据可以通过施加附加条件的方法对漏钢行为和非漏钢行为进行最终的划分，以提高漏钢预报的精度。而这也更凸显该排热电偶布置位置的重要性。

鉴于问题的复杂性以及实验研究的局限性，本节将建立钢水在结晶器中凝固时铸坯与结晶器铜板二维粘弹塑性热—力耦合模型，分别从温度信号的典型性和稳定性两个方面对参与漏钢预报运算最重要的结晶器铜板最后一排测温热电偶的合理布置进行分析。

钢水在结晶器内的冷凝过程十分复杂，涉及铸流与结晶器铜板、连铸保护渣等多状态接触体复杂的热—力耦合问题。以下将从系统分析所浇钢种的热物性参数开始，结合当前板坯高效连铸结晶器铜板结构特点和实际钢种连铸工艺，对钢水与铜板的交互热和变形特性进行分析；并在这一基础上对结晶器铜板测温热电偶布置进行分析，为漏钢监测与预报系统的开发提供基础。

3.1.1 凝固坯壳与结晶器铜板的热与变形耦合模型的建立

3.1.1.1 模型基本假设

本模型采用运动坐标系的二维切片法，即沿铸坯横断面方向，截取同时包括铸坯和结晶器铜板在内的二维薄片，建立非稳态模型，研究该薄片自弯月面开始，以拉坯速度向下移动过程中所经历的热和力学过程。模型假设如下：

（1）浇注温度为中间包内钢水温度，并且保持不变，拉坯速度与钢水液面高度为定值。

（2）认为板坯结晶器内热与力学状态具有对称性，选取 1/4 截面作为计算域。

（3）假设保护渣能充填坯壳与结晶器铜板热面之间所产生的气隙，并且液面保护渣能够有足够的绝热厚度，使得初始浇注时可忽略拉坯方向的传热。

（4）由于拉速相对较大，拉坯方向的纵向传热可以忽略。

（5）考虑坯壳与铜板之间因热与机械变形载荷造成的接触摩擦，但忽略结晶器振动引起的拉坯方向的纵向摩擦。

（6）结晶器铜板窄面面积较小，受到宽面结晶器铜板的夹持和背面固定，并且初生坯壳窄面在钢水静压力作用下对窄面铜板的影响远小于宽面，变形量极小，因此将结晶器窄面铜板看作刚性传热体。

（7）结晶器宽面铜板变形量尽管较窄面要大，但变形量也很小，因此仅考虑材料非线性，不考虑几何非线性，即数学模型采用小变形连续介质粘塑性力学方程。

（8）采用广义平面应变假设。

（9）坯壳采用前述的粘塑性模型，宽面铜板采用弹塑性本构模型，窄面铜板采用刚性传热体模型。其中前两者遵守 Von Mises 屈服准则和 Prandtl-Reuse 流动准则。

3.1.1.2 计算域及离散化处理

依据对称性取 1/4 截面作为计算域，其中同时包括铸坯和结晶器铜板，二者构成一个接触对。如图 3.2 所示，有限元模型采用四节点等参单元对计算域进行几何离散，采用同一有限单元网格交替进行温度场和应力与变形场计算。

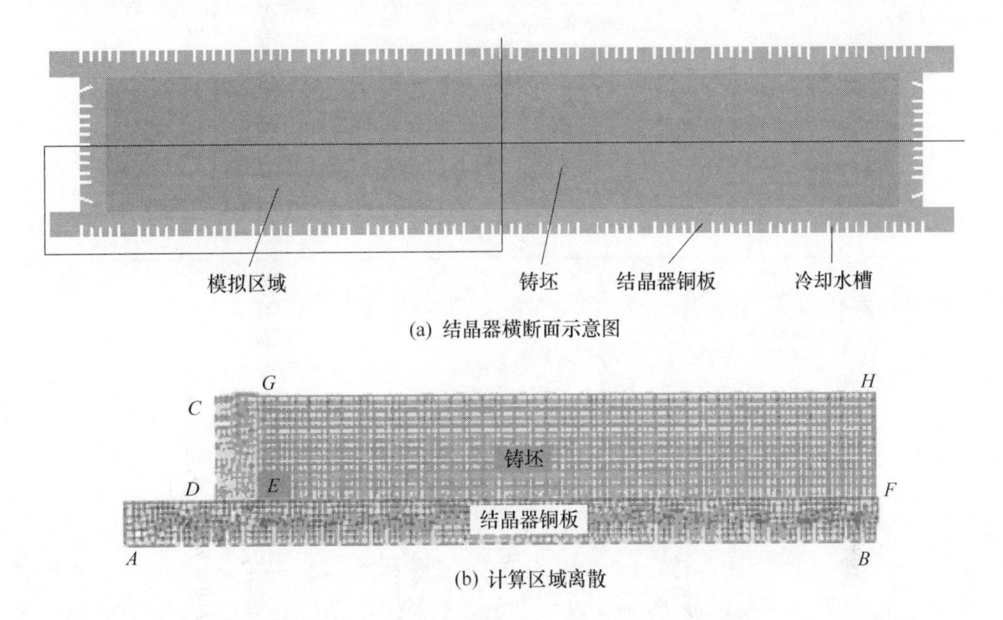

图 3.2 结晶器计算域及其有限元网格划分

3.1.1.3 热—力学边界条件

A 对称边界

根据对称性，图 3.2 计算域对称边界 *CG*、*BF*、*GH*、*HF* 应为绝热边界，即在垂直于对称轴方向上热流为零，垂直于对称轴方向上的位移也为零。

B 结晶器铜板外表面

结晶器铜板冷面 *AE* 与冷却水进行对流换热，其热流可表示为：

$$Q = h_{w} \cdot (T_{M-out} - T_{w}) \tag{3.1}$$

式中 Q——热流通量；

T_{w}——结晶器冷却水进出水平均温度；

T_{M-out}——铜板外表面温度；

h_{w}——铜板与冷却水界面的对流换热系数，可根据无量纲方程式（3.2）来确定：

$$\frac{h_{w} \cdot D_{H}}{k_{w}} = 0.023 \cdot \left(\frac{\rho_{w} u_{w} D_{H}}{\mu_{w}}\right)^{0.8} \left(\frac{C_{Pw} \mu_{w}}{k_{w}}\right)^{0.4} \tag{3.2}$$

式（3.2）中各参数的意义及取值见表 3.1。

表 3.1 铜板与冷却水界面对流换热相关参数值

参 数	意 义	取 值
D_H	冷却水槽水力学直径	7×10^{-3}m
k_w	冷却水导热系数	0.614W/(m · K)
ρ_w	冷却水密度	1×10^{3}kg/m^3
u_w	冷却水流速	7.0m/s
μ_w	冷却水黏度系数	7.92×10^{-4}J/m^2
C_{Pw}	冷却水比热	4.17810^{3}J/(kg · K)

可计算出铜板与冷却水界面的对流换热系数为 26952W/(m^2 · K)。

C 铸坯与结晶器铜板热面接触界面

界面总换热系数 h_f 可按式（3.3）确定：

$$h_f=\frac{1}{R_1+R_2+R_3}+h_{rad} \tag{3.3}$$

式中，h_{rad}为坯壳和铜壁间的辐射传热系数，按照式（3.4）确定：

$$h_{rad}=\sigma_{SB}\cdot\varepsilon\cdot(T_b+T_{m-in})(T_b^2+T_{m-in}^2) \tag{3.4}$$

式中 σ_{SB}——Stefan-Boltzsman 常数，等于 5.67×10^{-8}W/(m^2 · ℃)；

ε——辐射系数，本模型中取 0.44。

式（3.4）中温度 T_b 和 T_{m-in}的单位为 K。

R_1 为铜板表面处与保护渣间的接触热阻

$$R_1=\frac{1}{h_{mf}} \tag{3.5}$$

式中，h_{mf}为铜板表面处的对流换热系数，本模型中取 3000W/(m^2 · ℃)。

R_2 为渣膜内的热阻

$$R_2=\frac{d_{flux}}{K_{flux}} \tag{3.6}$$

式中 K_{flux}——保护渣导热系数，模型中取 1.0W/(m · ℃)；

d_{flux}——渣膜厚度。

模型中假设依据应力场计算得到的变形后的坯壳形状和当时的结晶器壁之间形成的气隙完全由保护渣填充。这样，保护渣厚度可以由应力场计算数据自动获得。

R_3 为铸坯表面与保护渣间的接触热阻

$$R_3=\frac{1}{h_{bf}} \tag{3.7}$$

式中，h_{bf}为坯壳表面处的换热系数，其值受铸坯表面温度影响很大。表 3.2 为不同温度下的 h_{bf}值。

表 3.2 温度对铸坯—保护渣界面换热系数的影响

温度描述	温度/℃	h_{bf}/W·(m^2·℃)$^{-1}$
液相线温度	T_L	20000
固相线温度	T_S	6000
保护渣软化温度	1150	2000
保护渣结晶温度	1030	1000

3.1.1.4 结晶器锥度

实际生产中，结晶器铜板是有锥度存在的，对于板坯结晶器而言，其宽边和窄边相差很大，结晶器铜板宽面往往不设锥度或是设定较铜板窄边要小的锥度，因此本模型仅考虑窄边的锥度，并利用刚性体在特定时间段的位移来实现。

3.1.1.5 材料的热物性参数

模型所涉及钢和铜板材质的热物性参数及相关选取方法详见本章参考文献。

3.1.2 模型计算结果分析

3.1.2.1 连铸结晶器内凝固坯壳的热—力学行为

结晶器内坯壳的凝固状态与铸坯质量及其在二冷区的顺行密切相关，不良的结晶器冷却往往会引起表面纵裂、凹陷、偏离角纵裂等表面质量问题，严重的还会引起漏钢事故。

A 坯壳横断面凝固进程与温度分布

图 3.3 所示的分别是距弯月面 200mm、400mm、600mm、800mm 时初生坯壳的温度分布状态。由图可知，在结晶器中初生坯壳温度主要在 1000℃ 至钢水浇注温度之间，铸坯坯壳宽面以及窄面温度场分布均匀。角部由于二维传热，起初较大的传热量使得该处坯壳凝固收缩较大，与铜板之间的气隙也相应较大。因此在随后的凝固过程中，气隙严重影响了角部传热，使得角部坯壳在钢水静压力作用下被重新压回到角部铜板区域。这样的传热、机械交互过程反复进行造成了角部坯壳的不均匀性。

偏离角纵裂是最为常见的板坯质量问题之一，为了更好地对铸坯角部温度场进行分析，此处将图 3.3 的 4 个阶段角部温度场放大得到图 3.4。

从图 3.4 可以看出，坯壳初始凝固过程中，角部在二维冷却作用下成为温度梯度变化最大的地方。这时角部由于强度、塑性不均匀，有产生角部纵裂纹的倾向，因此在这一阶段角部位置的缓冷非常重要。当坯壳继续向下移动时，结晶器窄边较大的锥度使得窄边铜板与铸坯保持良好的接触，宽面在钢水静压力作用下铜板与铸坯接触亦良好；而偏离角区域在收缩应力作用下开始产生变形，使得初生坯壳最脆弱的地方开始向偏离角区域移动，并且偏离角区域的孱弱一直持续到

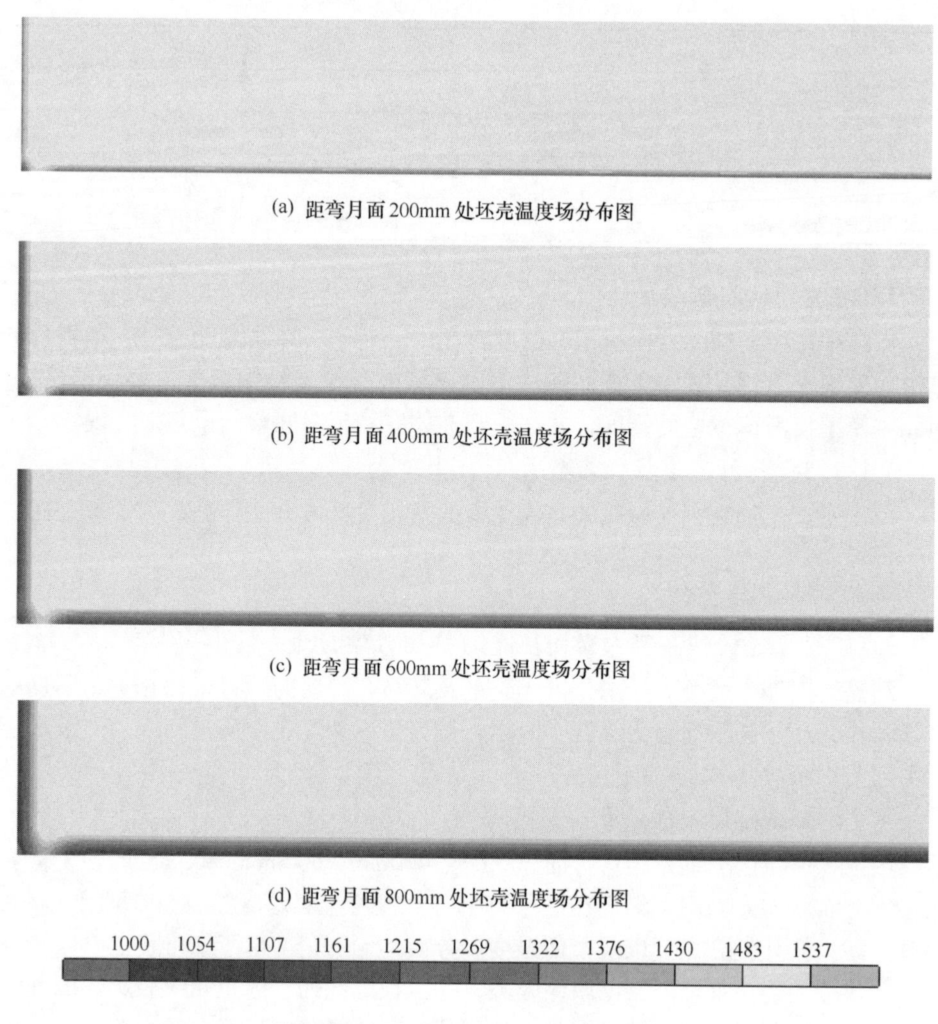

(a) 距弯月面200mm处坯壳温度场分布图

(b) 距弯月面400mm处坯壳温度场分布图

(c) 距弯月面600mm处坯壳温度场分布图

(d) 距弯月面800mm处坯壳温度场分布图

图3.3 距弯月面不同距离处坯壳的温度场分布（单位℃）

铸坯出结晶器。如果偏离角区域进一步恶化就会形成漏钢，即所谓的“偏离角纵裂漏钢”。

图3.5是距弯月面不同距离坯壳的凝固进程图，图中深灰色代表固相区，浅灰色为液相区，两区域之间为固液两相区。图3.5（a）~（d）分别反映了不同时刻铸坯固相区、液相区以及两相区的分布。图中可见，在靠近铸坯角部的偏离角区域凝固进程明显滞后于其他区域，坯壳较薄，这与前述的温度场状态是一致的。

为了更好地分析铸坯不同位置的坯壳生长情况，本节分别取铸坯宽面中部、窄面中部和角部的坯壳厚度值拟合成曲线。如图3.6所示，坯壳最薄的地方是铸

(a) 初生坯壳温度场局部放大图 (200)

(b) 初生坯壳温度场局部放大图 (400)

(c) 初生坯壳温度场局部放大图 (600)

(d) 初生坯壳温度场局部放大图 (800)

图 3.4　结晶器内角部初生坯壳温度场局部放大图（单位℃）

坯角部偏离角区域。由于角部厚度不均，图中所标示的角部厚度是偏离角区域、角部区域坯壳厚度的平均值，由于偏离角区域坯壳较薄，使得其结果相对较小，而宽面中部由于在钢水静压力作用下与结晶器热面接触最好，因此其坯壳厚度要高于窄边。

B　坯壳内部应力和应变状态

模型研究中，通过合理调整弹性模量、泊松比和热膨胀系数随温度的变化关系，使铸坯液相区近似保持静水压力状态（即 3 个方向上的主应力在数值上近似相等，剪切应力为 0）。图 3.7 是距弯月面不同高度坯壳的主应力图，其中数值为正的区域为拉应力区域，数值为负的区域为压应力区域。从图中可以看到坯壳外侧主要处于压应力状态，其中偏离角区域外表面压应力较大，由外向内，坯壳的力学状态由压缩向拉伸过度。值得注意的是从初始凝固到出结晶器，拉应力与压应力作用最大的区域从铸坯角部向铸坯偏离角区域过渡，这与温度场分析结果相对应。

为了更好地研究铸坯角部以及偏离角区域的拉应力、压应力分布，将铸坯角部区域放大。局部的应力分布状态如图 3.8 所示。在距离弯月面 20mm 处，铸坯

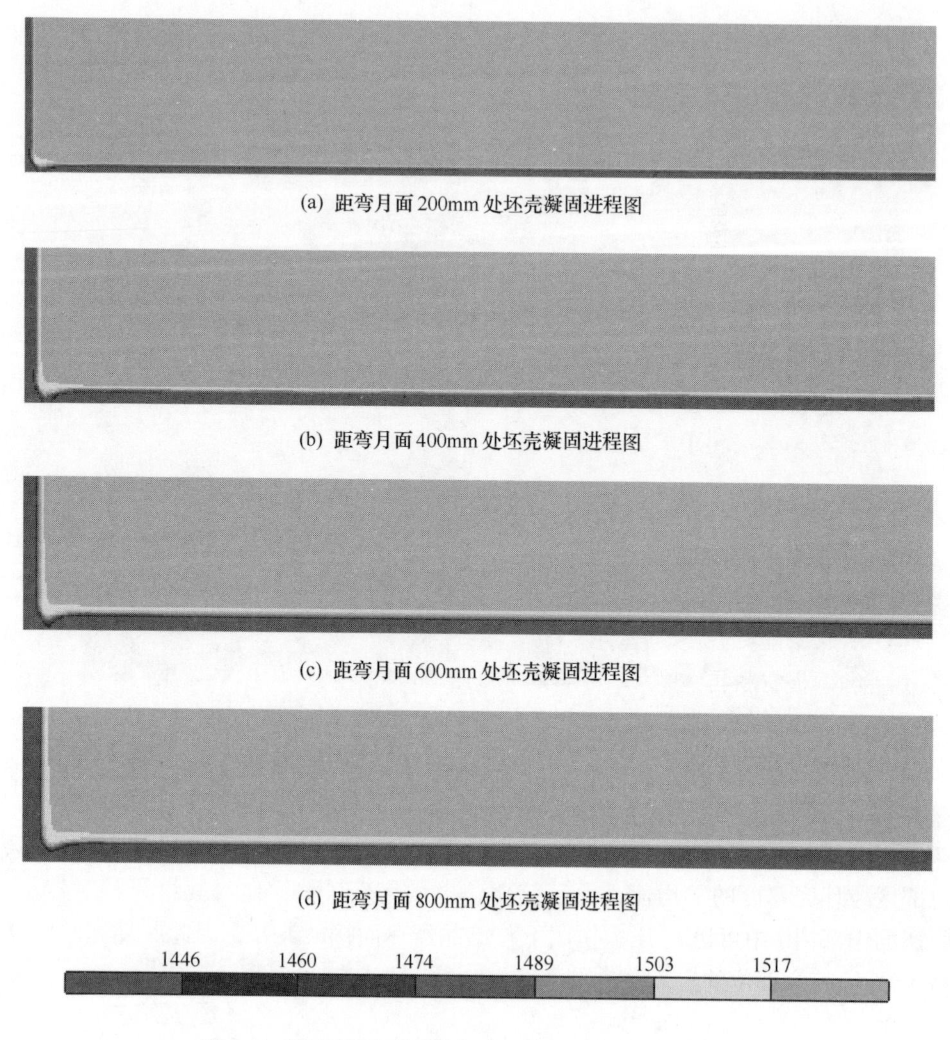

(a) 距弯月面 200mm 处坯壳凝固进程图

(b) 距弯月面 400mm 处坯壳凝固进程图

(c) 距弯月面 600mm 处坯壳凝固进程图

(d) 距弯月面 800mm 处坯壳凝固进程图

图 3.5 距弯月面不同距离时坯壳凝固进程（单位℃）

承受的拉应力与压应力相对均匀；当凝固继续进行时，拉应力以及压应力数值上均有所增大，并且最大拉应力与最大压应力之间的变化梯度越来越大，这使得偏离角区域成为铸坯最为薄弱的环节，极易开裂形成偏离角纵裂缺陷。

图 3.9 是距弯月面不同距离坯壳的热应变状态图。从初始凝固开始，热应变最大区域始终集中于凝固前沿，在凝固过程中随着潜热释放，已经开始凝固的坯壳会相应升温，使得在液相区或两相区出现内外温度较高，中间局部温度相对较低的现象，也就是图 3.9 中所对应最大热应变出现的区域。最大热应变区域也经历了随着凝固的进行，由角部向偏离角转移的过程，这与温度场、主应力场分析的结果一致。

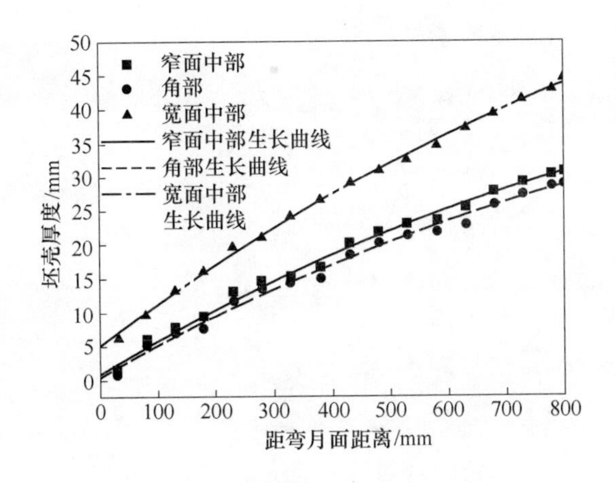

图 3.6 结晶器内坯壳生长曲线

3.1.2.2 结晶器铜板的热与变形行为

结晶器铜板的温度分布直接体现了其当前的工作状态。由于结晶器铜基材质性能受铜再结晶器温度影响，所以利用结晶器铜板温度场来判断结晶器使用状态必须考虑铜板材料再结晶温度这一参数。本模型使用的材料为 Cu-Cr-Zr，它的再结晶温度为 500℃。图 3.10 是距弯月面不同距离处结晶器铜板的温度分布，弯月面处铜板温度场即初始条件中计算出的铜板初始温度场结果表明，铜板最高温度大大低于 Cu-Cr-Zr 材料的再结晶温度，而随着拉坯的进行，结晶器铜板温度逐渐降低。因此，整个钢水在结晶器的浇注过程中，该材质的铜板完全能满足钢水浇注的需要。

从图 3.10 中可以看出，在铜板热面上，除了宽面角部在二维冷却下温度较低以外，其余部位的温度分布从热面到冷面基本上为一簇平行的等温线。而对于冷面水槽部位，铜板的温度会随着水槽深度的变化产生一定的起伏，但起伏程度自冷面到热面逐渐降低，并且由于本模型的铜板水槽较为细密，其温度分布起伏不大。

图 3.11 和图 3.12 分别是距弯月面不同距离处结晶器铜板宽面和窄面的热面温度的分布图。从图中可以看到，结晶器铜板宽面和窄面在弯月面处的温度大体都为 330℃左右，而在结晶器出口处均为 190℃左右。从开始浇注到出结晶器，铜板宽面同一位置的温度差在 140℃左右，并且随着水槽的分布温度出现波动，越靠近结晶器出口细小的温度波动越明显。水槽分布对铜板窄面温度的影响要小于宽面，并且从开始浇注到出结晶器，铜板窄面同一位置的温度差大部分在 150℃左右。窄边靠近角部的区域由于采用了倾斜式水槽设计，浇注初始阶段温度较窄边中点要高，而随后迅速降温，导致这一区域成为温度差最

图 3.7 距弯月面不同距离处坯壳的主应力图（单位 kPa）

大的部位，温差达到 180℃。这也是由于初生坯壳角部此时已经形成稳定的能够抵抗钢水静压力的安全厚度，坯壳与结晶器之间的气隙相对比较稳定的原因。

(a) 主应力局部放大图(20)

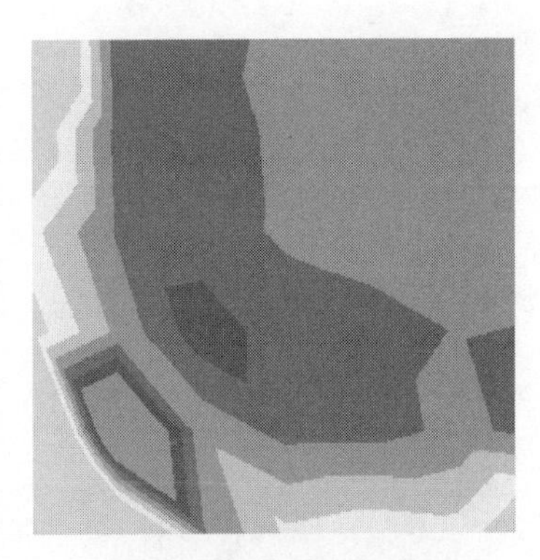

(b) 主应力局部放大图(200)

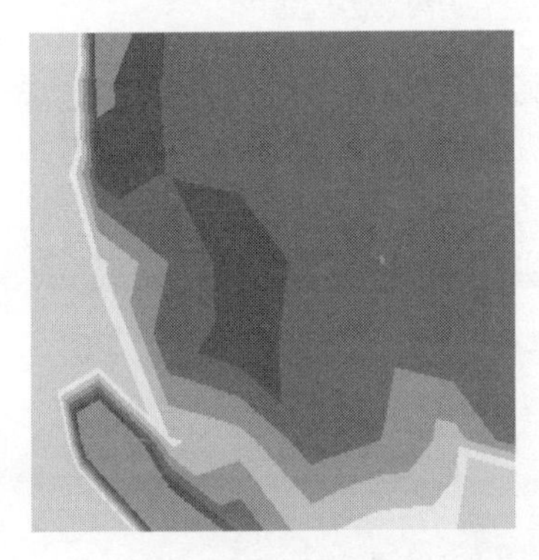

(c) 主应力局部放大图(400)

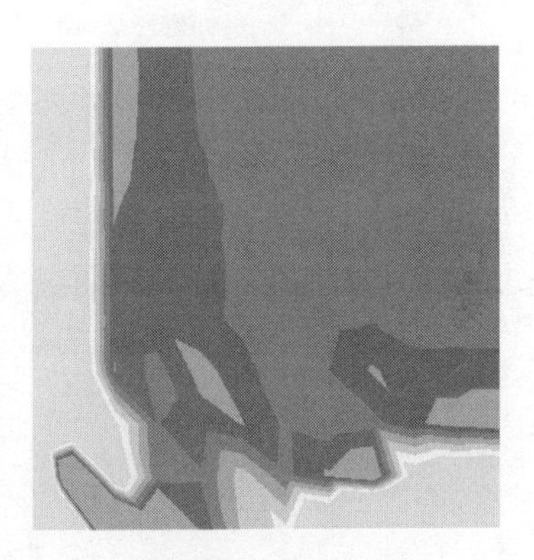

(d) 主应力局部放大图(600)

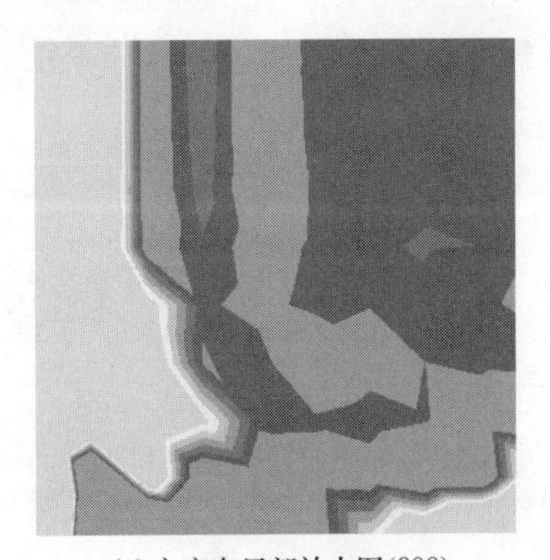

(e) 主应力局部放大图(800)

−10000 −6000 −2000 2000 6000 10000

图 3.8 距弯月面不同距离结晶器内角部坯壳主应力局部放大图（单位 kPa）

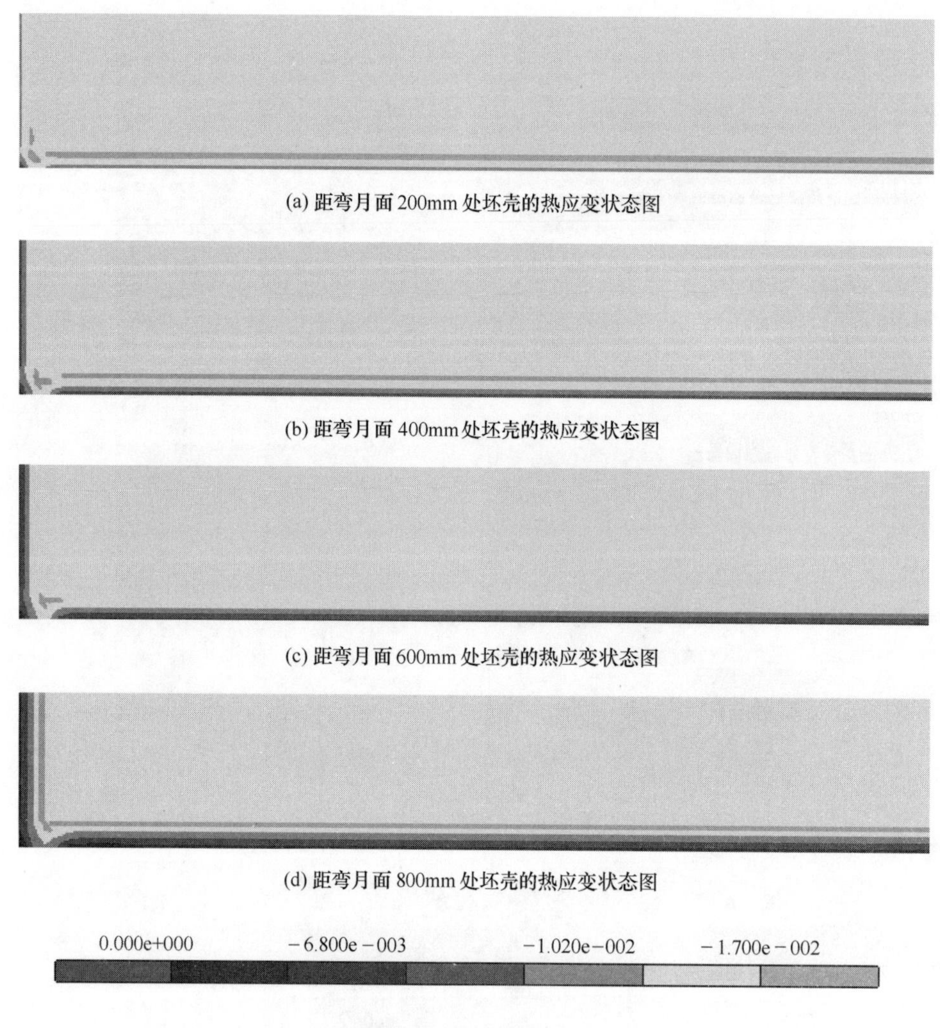

图 3.9 距弯月面不同距离处坯壳的热应变状态图（单位 100%）

3.1.2.3 结晶器铜板的热变形

由于本模型中结晶器铜板窄面为刚性传热体，结晶器铜板宽面为热弹塑性体，因此，在随后结晶器铜板热变形分析中仅对结晶器铜板宽面进行分析。

Brimacombe 等人通过对结晶器铜管的研究得到结晶器铜管的变形主要是由于结晶器铜管的固支约束力以及铜管自身刚度等共同作用而产生的。模型计算得到的结晶器铜管最高温度在距弯月面以下 30mm 处，结晶器最大变形处位置在距弯月面 90mm 处。崔立新计算的板坯结晶器变形得到了与之类似的结果。对本模型而言，由于选用边界条件的原因，铜板最高温度区出现在结晶器弯月面区域。考虑到二维模型中铜板自身热状态对铜板变形的贡献，就本二维模型而言，可以得

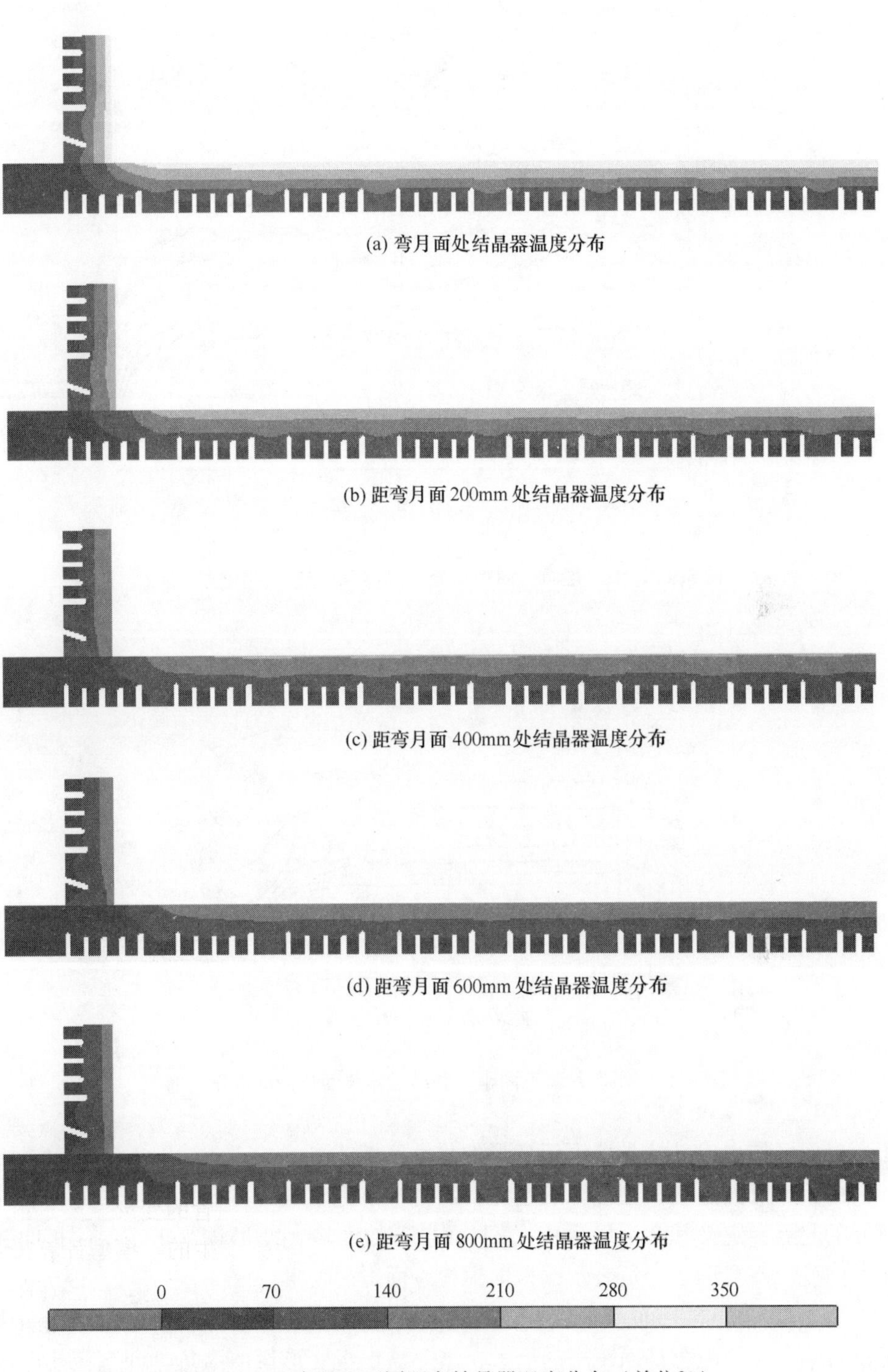

(a) 弯月面处结晶器温度分布

(b) 距弯月面 200mm 处结晶器温度分布

(c) 距弯月面 400mm 处结晶器温度分布

(d) 距弯月面 600mm 处结晶器温度分布

(e) 距弯月面 800mm 处结晶器温度分布

图 3.10 距弯月面不同距离结晶器温度分布（单位℃）

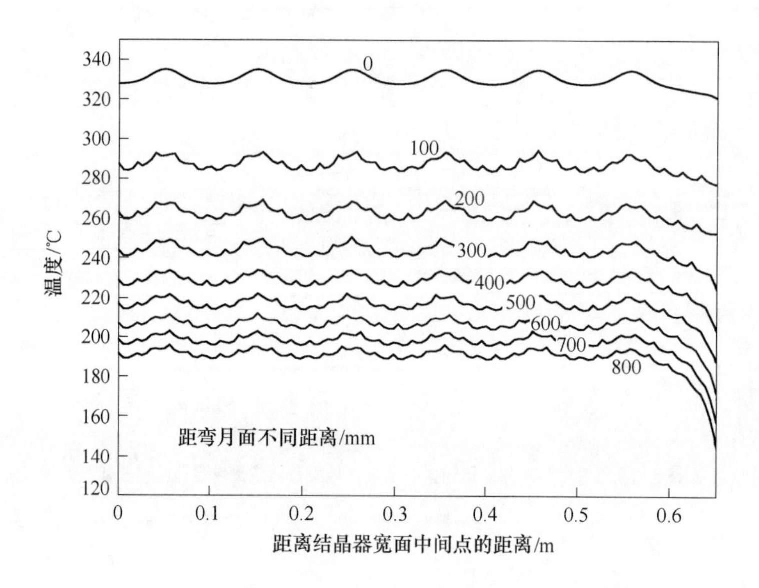

图 3.11 距弯月面不同距离处结晶器宽面热面的温度分布

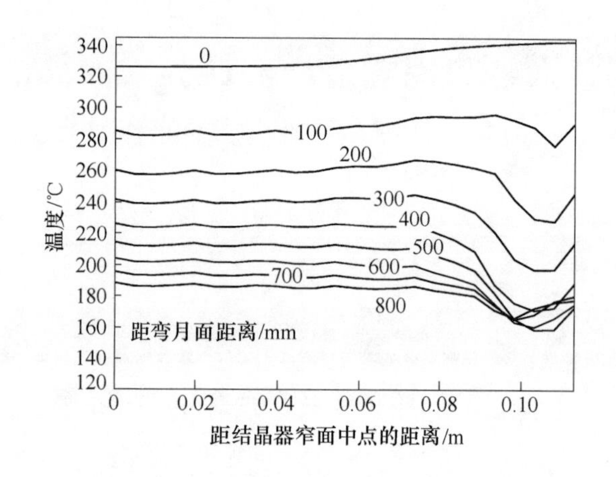

图 3.12 距弯月面不同距离处结晶器窄面热面的温度分布

出弯月面区域也应是结晶器铜板变形的最大区域。

由于弯月面是本模型计算的起点，因此本节把铜板弯月面处的变形同样看作研究的起点，定义其变形量为0。弯月面以下的区域，变形量为正表示铜板向铸坯方向变形，变形量为负表示铜板向铜板冷面方向变形。

图 3.13 是距弯月面不同距离结晶器铜板热面的法线方向变形量图。从图中可以看到，随着距弯月面距离的增大，结晶器铜板变形量值为负，即铜板热面向朝铜板冷面方向变形，并且变形量逐渐增大，使得铜板出现了正锥度。而铜板角

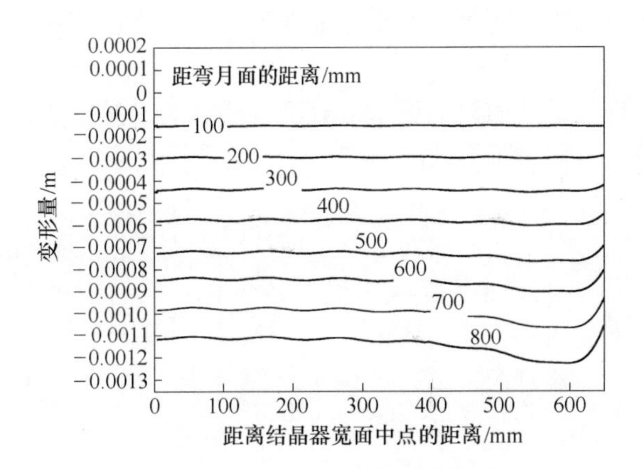

图 3.13 距弯月面不同距离结晶器铜板热面的法线方向变形

部区域由于温降较大，其变形量也相应较大，这也说明在铜板固支约束一定的条件下，铜板热状态对铜板变形有较大的贡献。

图 3.14 是距弯月面不同距离处结晶器铜板宽面米塞斯等效应力的分布情况。从图中可以看出，结晶器铜板水槽区域始终是米塞斯等效应力最大的区域。产生这一现象的主要原因有两个：一方面是水槽部分用较小面积承受较大的应力；另一方面是水槽根部有冷却水箱背板在法线方向的固定，使得其在相反方向力的作用下成为等效应力最为集中的区域。冷却水槽根部是等效应力梯度的最大部位，

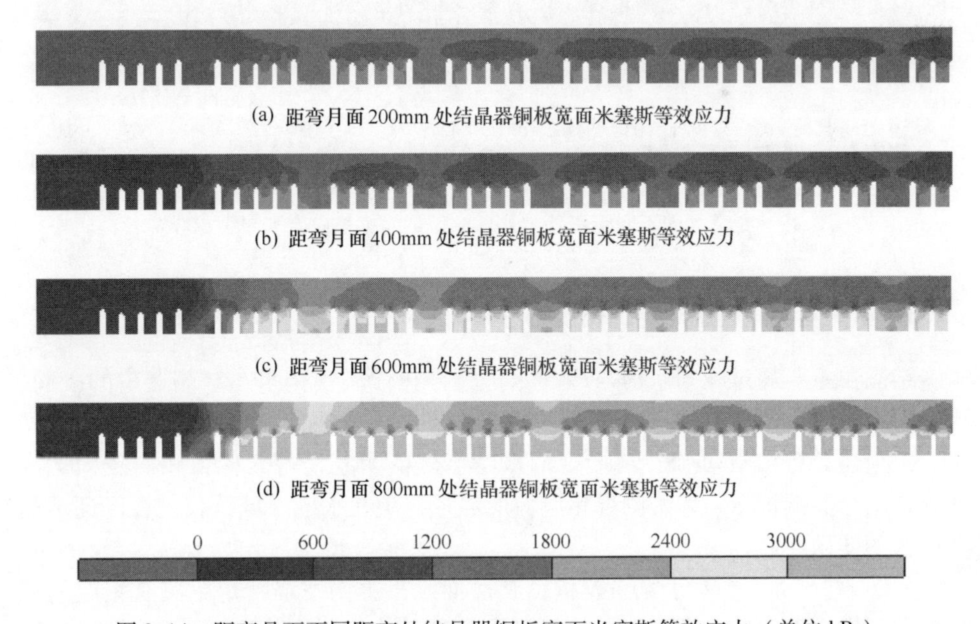

图 3.14 距弯月面不同距离处结晶器铜板宽面米塞斯等效应力（单位 kPa）

这可能与切口效应有关，所以水槽根部最好采用圆角设计，以改变直槽直角带来更大的应力梯度。

随着浇注的进行，结晶器铜板水槽疏松区域对应的铜板热面产生了较大的等效应力，并且越向角部靠近等效应力越大。这说明实际生产过程中铜板热面易产生塑性损伤，如疲劳开裂等。

由于铜板热状态是铜板变形的主要原因，因此本节将以主热应变作为研究的重点。图 3. 15 是距弯月面不同距离处结晶器铜板宽面的主热应变分布。从图中可以看到，随着浇注的进行，偏离角区域主热应变越来越大，但其增长趋势有所减慢。当铸坯出结晶器时，偏离角区域主热应变达到了 -0. 4% ，而在浇注初期其仅为 -0. 16% 。

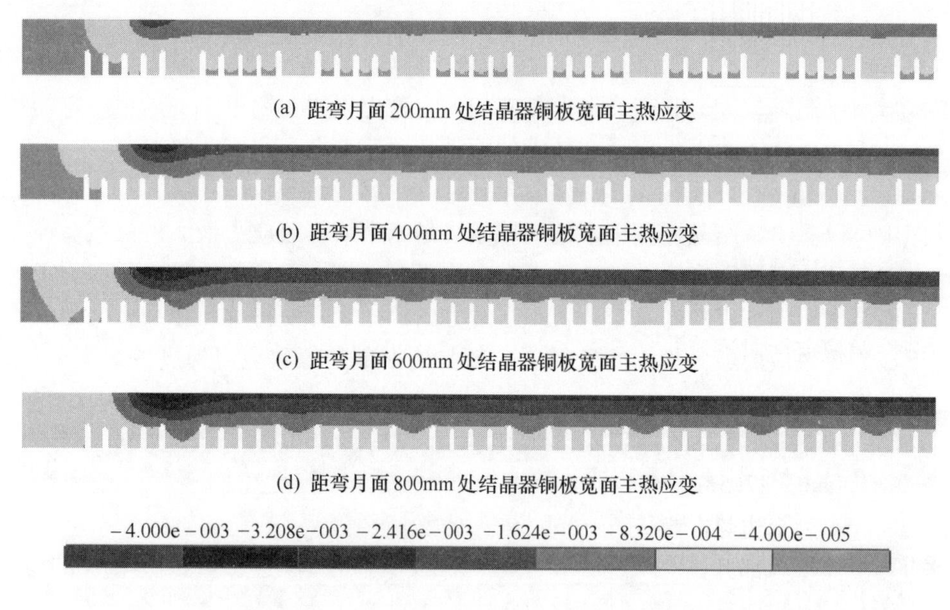

(a) 距弯月面 200mm 处结晶器铜板宽面主热应变

(b) 距弯月面 400mm 处结晶器铜板宽面主热应变

(c) 距弯月面 600mm 处结晶器铜板宽面主热应变

(d) 距弯月面 800mm 处结晶器铜板宽面主热应变

图 3. 15 距弯月面不同距离处结晶器铜板宽面主热应变（单位 100%）

3. 1. 3 结晶器铜板测温热电偶布置的分析

结晶器主要通过冷却水槽与冷却水进行换热以实现钢水在结晶器中的凝固，因此，相对较密的冷却水槽布置更有利于提高结晶器铜板的冷却效率。与此同时，由前述计算结果可知，铜板冷却水槽区域的米塞斯等效应力相对较大，因此，在结晶器铜板冷面埋入测温热电偶应尽量避免在水槽区域钻孔，以保证结晶器铜板的使用寿命。

如图 3. 16 所示，对于宽面铜板，其冷面水平方向每隔一定距离有相应的铜板固定区域，因此，宽面铜板上的测温热电偶可以沿结晶器周向布置在相应的铜板固定区域内。而对于窄边铜板而言，由于铜板固定区域在铜板的两端，并且冷却水槽相对较为稀疏，因此，其热电偶可以埋设在水槽之间。

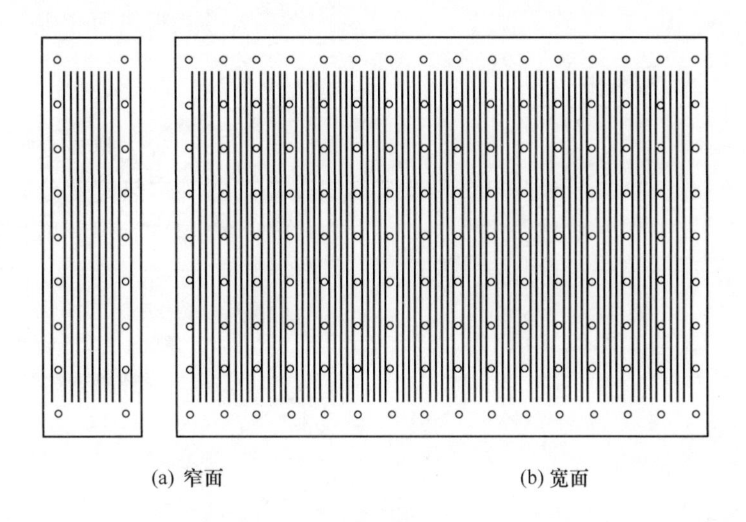

(a) 窄面 (b) 宽面

图 3.16 结晶器铜板冷面结构示意图

以上为结晶器铜板周向测温热电偶的布置分析，由于其主要取决于铜板冷却水槽的设计，因此不作为本节主要研究对象。以下将分别针对热电偶测温信号的典型性和稳定性对测温热电偶在结晶器铜板高度方向和埋设深度进行分析。

3.1.3.1 热电偶测温信号典型性分析

图 3.17（a）~（f）分别是距离结晶器铜板冷面 11.5mm、14mm、17mm、20mm、24mm、27.5mm 处结晶器铜板热电偶测温位置节点的温度图。图中所标示的曲线 1 为窄边热电偶测温位置节点的温度变化曲线；曲线 2 ~ 8 分别代表了宽面热电偶从角部开始到宽面铜板中间各测温位置节点的温度变化曲线；曲线 2 对应的位置由于是铸坯角部测温位置节点，因此其变化幅度最大，并且温度较低。与此对应的是窄边热电偶测温位置节点的温度曲线，其特点与角部温度曲线类似，温度很低，但温度变化幅度相对较小。如果漏钢预报采用横向热电偶对来分析漏钢行为则可利用边角的这两支热电偶来分析角部漏钢行为；如果采用纵向热电偶对，角部测温位置节点温度变化的典型性也可以成为判断漏钢行为产生的重要理论支持。

相比较而言，图 3.17 中曲线 3 ~8 这 6 个测温位置节点的温度变化趋势较为接近，在距离结晶器铜板冷面相对较近的位置，6 个测温位置节点温度相差不大。而随着向铜板热面靠近这 6 个位置所测得的温度差会增大，这也增加了宽面铜板不同位置测温的典型性。图中曲线 6 对应测温位置节点温度相对较高，这也说明在这一位置结晶器铜板与初生坯壳的接触最好。

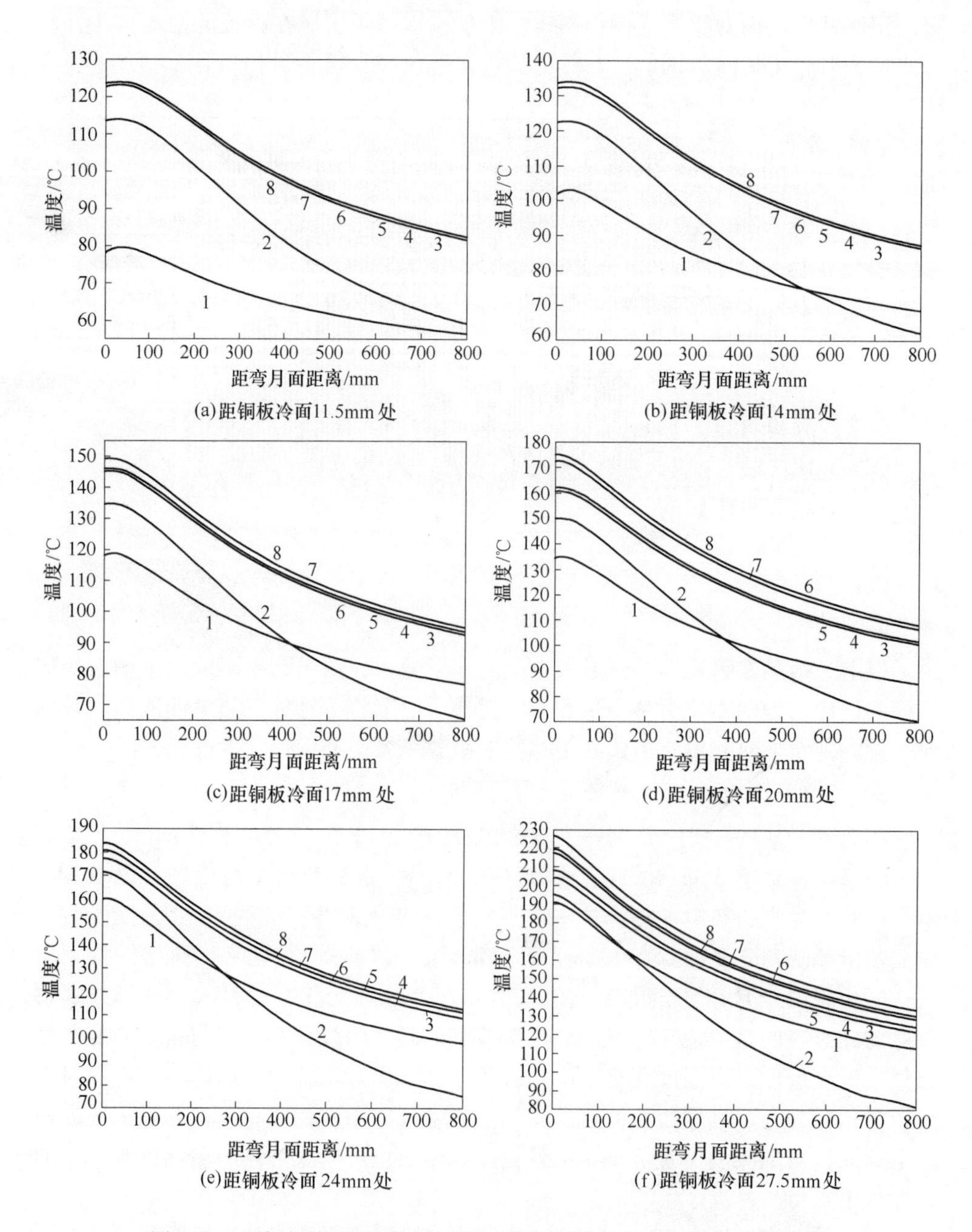

图 3.17 距铜板冷面不同距离处热电偶测温位置节点温度变化数据图

不同热电偶测温位置节点所测得的温度变化曲线为铜板高度方向上参与漏钢预报运算最后一排热电偶的布置位置提供了理论依据。从图 3.17 中宽面热电偶测温位置节点温度变化曲线可以看出，开始时结晶器铜板温度下降很快，而随后其下降速率变得相对缓慢。如前所述，较小的温度波动有利于降低对非漏钢行为的误判，因此从测温信号典型性出发，应选择所测温度下降较为缓慢的区域布置热电偶。图3.17（a）~（f）中的温度曲线变化具有共同的趋势，对于宽面结晶器铜板而言，其温度下降趋势在距离弯月面约300mm处开始变缓；而对于窄边热电偶而言，其温度变化曲线的下降趋势大约在距弯月面350mm处才开始变缓。因此，窄边热电偶的安装位置应低于宽边。另外，考虑到漏钢预报系统对漏钢的判断要求越早越好，以利于对漏钢事故的处理，因此，热电偶排的布置要尽量靠近结晶器铜板上部。综合考虑以上两个因素，应在结晶器宽面距弯月面300mm处，窄面距弯月面350mm处埋设参与漏钢预报运算的最后一排热电偶。

由上述分析可知，对于单排热电偶布置的漏钢预报系统而言，其热电偶布置位置就为上述区域，这样最有利于对漏钢行为作出及时的判断。对于双排热电偶系统，可以在其与弯月面之间再布置一排热电偶，以利于用纵向热电偶组合对漏钢趋势进行监测，同时监测弯月面下初生坯壳的凝固状态。对于三排或多排热电偶系统，在考虑结晶器铜板寿命的前提下，其可以在其他区域布置热电偶，一方面可以增加成功预报的几率，另一方面也可以对初生坯壳的生长状态进一步监测，以期对铸坯表面质量作出判断。

3.1.3.2 热电偶测温信号稳定性分析

通过对铜板温度场的分析可知，结晶器铜板测温热电偶的位置在高度方向上，宽面最好在距弯月面300mm处布置热电偶，窄面最好在距弯月面350mm处布置热电偶。从测温信号典型性出发，热电偶埋入深度越靠近铜板热面越好。但与此同时，越靠近结晶器铜板热面，其相应等效应变也会增大，这样会影响热电偶与结晶器连接的稳定性。因此，本节将从测温信号稳定性出发来进一步对热电偶在铜板厚度方向上的布置进行探讨。

图3.18是距宽面中点最近的热电偶测温位置节点在距弯月面200~400mm条件下，距结晶器铜板冷面不同距离处的等效应变。从图中可以看到，距弯月面不同距离的铜板厚度方向上等效应变曲线其趋势是基本一致的。在距离铜板冷面10~30mm之间，铜板等效应变增加趋势比较稳定，即在铜板厚度方向该区域为铜板测温热电偶埋设的最佳深度位置。

在实际生产过程中，铜板的温度分布和应力应变状态受到实际生产工艺参数的影响。特别值得注意的是，铜板由于其昂贵的造价，往往在表面损坏后需要下线修磨，这样就会降低铜板的厚度，同样也会引起铜板厚度方向温度分布和应力应变状态的变化。因此，测温热电偶在铜板高度方向上的埋设位置以及在铜板厚度方向上的埋设深度还与诸如冷却强度、铜板厚度、拉速等一系列因素有关。

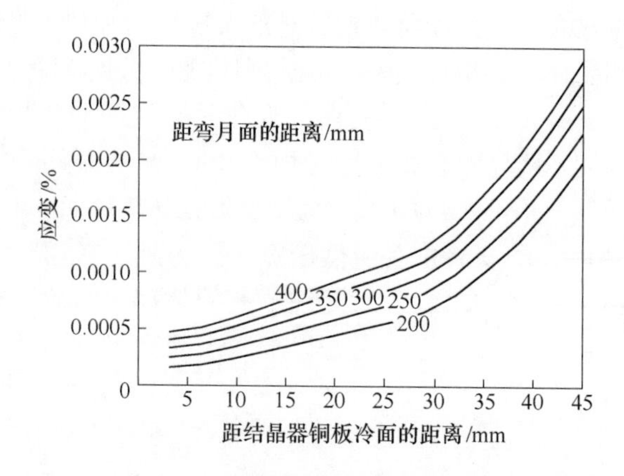

图 3. 18 距结晶器铜板冷面不同距离处等效应变

3. 2 不同工艺参数对热电偶布置位置的影响

3. 1 节建立了结晶器冷却过程凝固坯壳与结晶器铜板热与变形粘弹塑性耦合模型，并从热电偶测温信号的典型性和稳定性出发分别讨论了在标准生产条件下测温热电偶在结晶器铜板高度方向上的布置位置和铜板厚度方向上的埋设深度。实际生产中，结晶器铜板换热强度、冷却水温度（进水温度）、铸机拉速、结晶器铜板厚度、所浇注钢种等因素均会对结晶器铜板温度场和应力/应变场产生一定的影响。为此，本节利用前文所建立的模型，进一步从测温信号的典型性和稳定性出发，分析不同工艺参数对结晶器铜板测温热电偶在结晶器高度方向和厚度方向埋设深度的影响，以期获得最为合理的热电偶布置位置；此外，通过分析不同工艺参数对铜板温度场的影响，以期对漏钢预报模型的逻辑判定提供理论指导。

3. 2. 1 铜板换热系数对热电偶测温的影响

钢水在结晶器内的初始凝固状态与结晶器铜板换热强度密切相关。在拉速一定的条件下，结晶器换热强度增大时铸坯坯壳会相应加厚，铸坯表面温度也会相应降低；反之，换热强度减小，坯壳则会减薄且其表面温度会相应升高。因此，实际生产中多利用结晶器换热强度来控制结晶器内铸坯的凝固状态。本节从铜板测温信号的典型性和稳定性出发，研究换热强度对热电偶在结晶器铜板高度方向布置和厚度方向埋设深度的影响。

数学模型中，当冷却水温度一定时，铜板的冷却强度取决于对流换热系数，为此本节利用对流换热系数来表征换热强度的大小。对于结晶器铜板而言，对流换热系数值由结晶器冷却水流速（即冷却水量大小）决定。本节中取冷却水流速的变化区间为5～9m/s，对应换热强度见表3.3。

表3.3 结晶器冷却水流速及其对应的换热系数

冷却水流速/$m \cdot s^{-1}$	对流换热系数/$W \cdot (m^2 \cdot K)^{-1}$
5	20591
5.5	22223
6	23825
6.5	25400
7	26952
7.5	28481
8	29990
8.5	31481
9	32953

图3.19是不同换热系数下窄面铜板测温区距其冷面不同距离的温度变化。从图中可以看出，在距离结晶器铜板冷面不同距离的测温位置节点上，随着换热系数增大，相应测温位置节点的温度变化趋势保持不变，均呈抛物线状，并且基本是在距离弯月面约350mm左右处出现转折。通过前文初步得到的结晶器窄面铜板高度方向热电偶布置的位置可以确定，不同换热系数对热电偶在窄面铜板高度方向布置位置的影响不大。

值得注意的是，随着换热系数的增大，结晶器窄面铜板相应测温位置节点温度降幅度逐渐减小，但这对该位置处铜板高度方向的温度分布没有任何影响。这也说明在结晶器铜板高度方向布置热电偶时应尽量选择铜板温度变化较为稳定的区域，以减少如换热系数变化带来的温度波动。

对于宽面铜板而言，角部测温位置节点由于结晶器的在线调宽等因素使得其位置具有不确定性，因此将不考虑角部热电偶的特殊布置。除角部测温位置节点外，其余各测温位置节点热状态相近，因此只选择其中靠近宽面中点位置的一个测温位置节点进行研究。

图3.20是不同换热系数下宽面铜板距离宽面中点最近的测温位置节点距其冷面不同距离的温度变化。从图中可以看出，与结晶器窄面铜板分析结果类似。在距离结晶器铜板冷面不同距离的测温位置节点上，随着换热系数的增大，各测温位置节点温度变化趋势保持不变，且呈抛物线状。与窄面铜板不同的是，宽面铜板温度变化的抛物线转折点出现较早，基本是在距离弯月面约300mm处，这与前文所初步得到的结晶器宽面铜板高度方向热电偶布置位置一致。因此，可以确定不同换热系数对热电偶在宽面铜板的高度方向上布置位置的影响也不大。

与窄边类似，随着换热系数的增大，结晶器宽面铜板相应测温位置节点温度

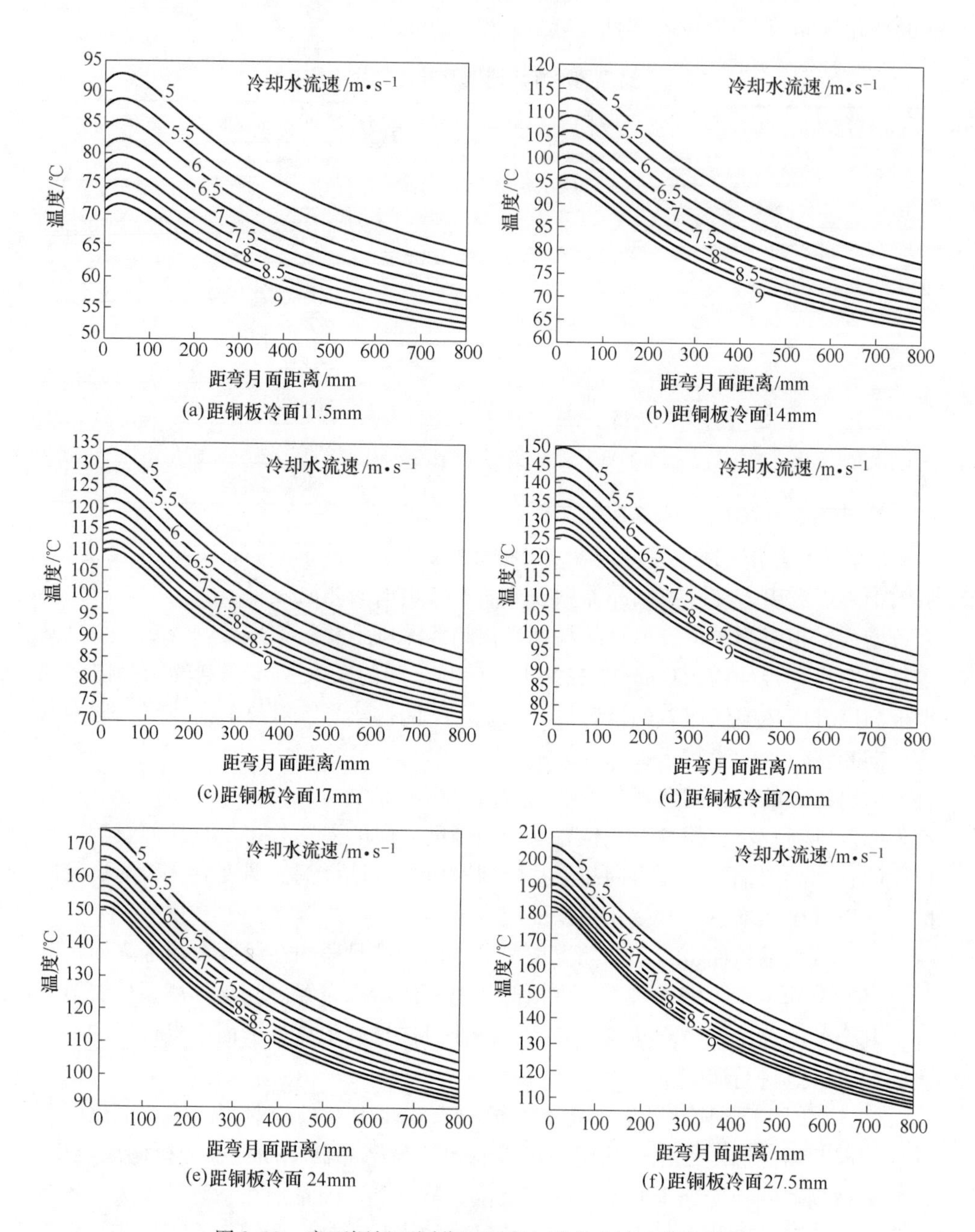

图 3.19　窄面铜板不同位置温度与冷却水流速的相关性

降幅逐渐减小，但结晶器铜板换热系数对宽面铜板温度的影响要大于窄面铜板。宽面铜板温度变化幅度要比窄面高 5℃以上，这主要是由于宽面铜板温度相对较高，其所受影响相应较大的缘故，但这对该位置处铜板高度方向的温度分布没有

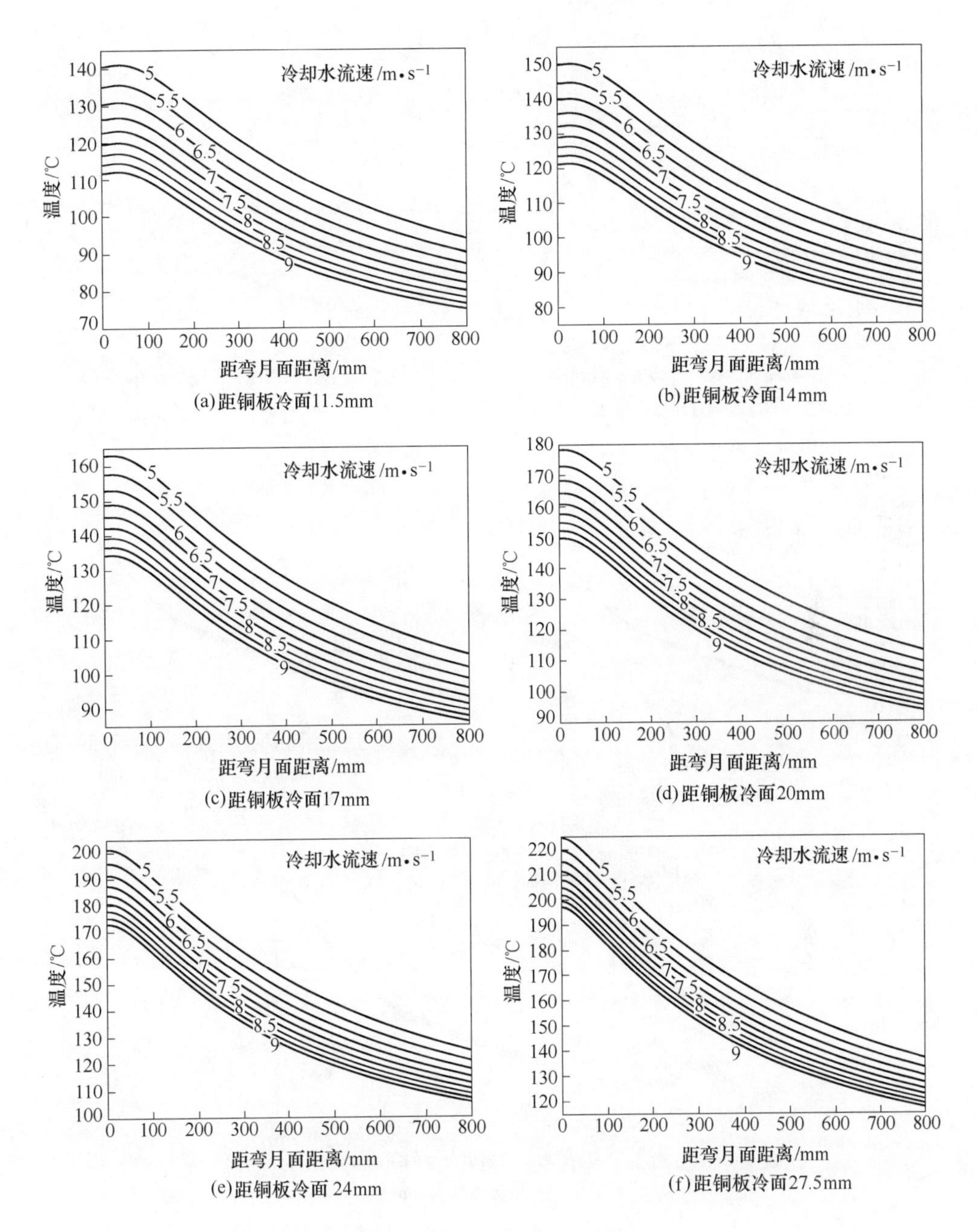

图 3.20 宽面铜板不同位置温度与冷却水流速的相关性

任何影响。这也说明在制定漏钢预报规则时，宽面和窄面可以采用相同的预报方式。

图 3.21 是不同换热系数下宽面铜板距离其中点最近的测温位置节点距铜板

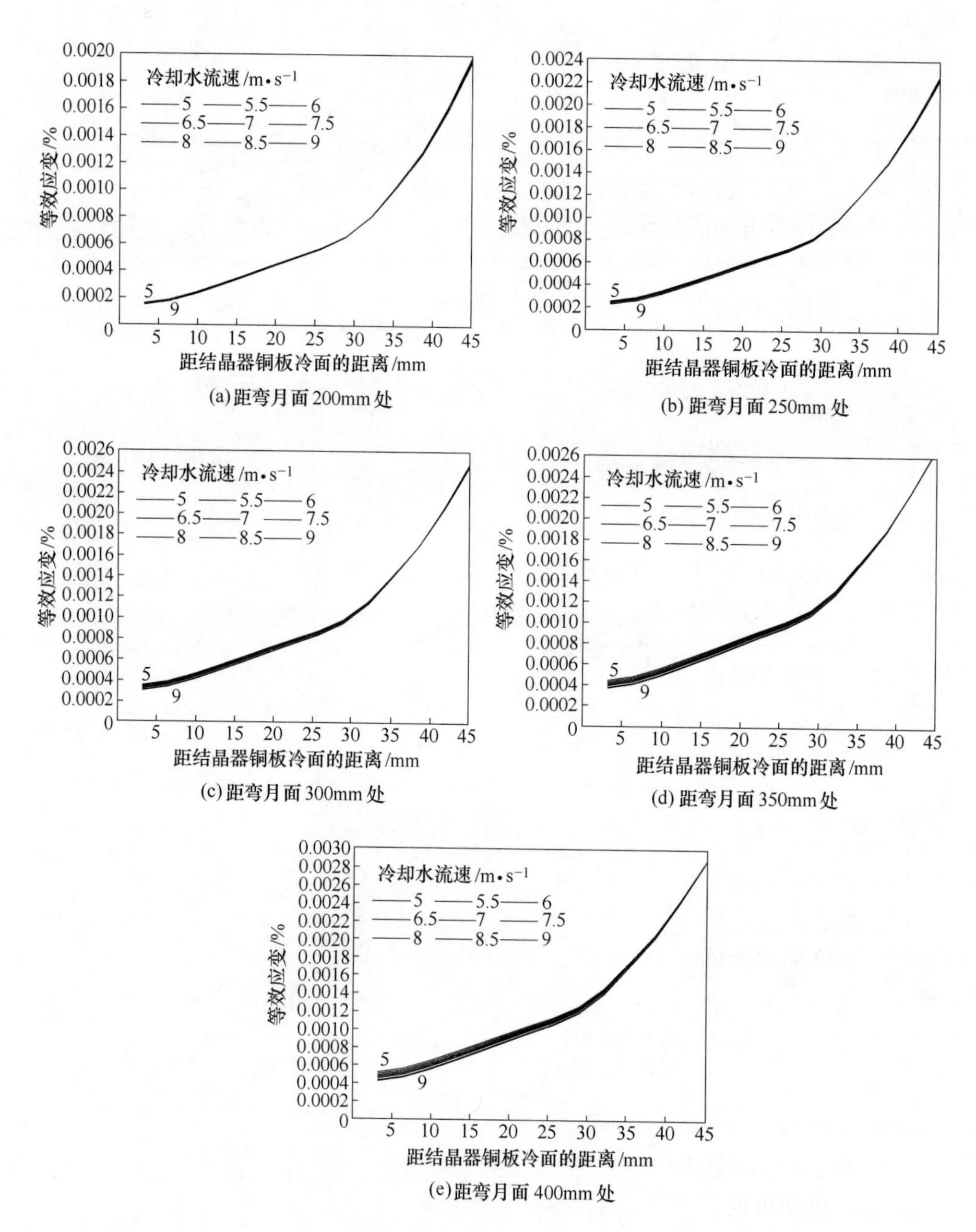

图3.21 宽面铜板某测温位置节点距其冷面不同距离处换热系数对等效应变的影响

冷面不同距离的等效应变变化。从图3.21（a）~（e）中可以看出，在靠近结晶器铜板冷面约30mm左右区域内铜板的等效应变变化相对比较平缓，而超过这一区域，等效应变开始急剧增加。不同换热系数对应的等效应变曲线几乎重合，这说明结晶器铜板冷却水换热系数改变对铜板的等效应变分布规律影响不大。

由上述分析可知，冷却水换热系数对结晶器铜板测温热电偶布置位置基本没有影响，即冷却水换热系数的改变没有影响到结晶器铜板从弯月面开始到结晶器出口处温度场的变化趋势，并且也没有改变结晶器铜板厚度方向上等效应变曲线的变化趋势。因此，结晶器冷却水换热系数对已确定的结晶器热电偶在铜板高度方向和铜板厚度方向的埋设深度没有任何影响。

不同换热系数对铜板测温位置节点温度有一定影响。随换热系数的增大，当地温度会降低；但对沿结晶器铜板高度方向的温度曲线变化趋势基本没有影响。这一现象可以作为漏钢预报规则制定的一个依据，即通过所测温度的下降幅度，而不仅仅是所测温度来判断漏钢行为的发生。

3.2.2　冷却水温度对热电偶测温的影响

冷却水温度是结晶器铜板温度场、应力/应变场的又一重要影响因素。考虑到冷却水在结晶器水槽中温度变化不大，基本不会引起传热边界条件的改变。为此，忽略进出口水温差，进一步从进水温度来考察其对铜板热状态的影响。在其他条件不变的前提下，同样从测温信号的典型性和稳定性出发，分析冷却水温度对测温热电偶在结晶器铜板高度方向布置位置和铜板厚度方向的埋设深度的影响。

图3.22是不同冷却水温度下窄面铜板测温位置节点距其冷面不同距离的温度变化。从图中可以看到，在不同冷却水温度下，结晶器铜板内部的升温幅度与冷却水升温幅度基本一致，并且越靠近结晶器铜板冷面，其值越接近。这一结果与前述铜板最高温度、最低温度的变化一致，最高温度往往出现在结晶器铜板的热面，而最低温度则与铜板冷面温度相对应。冷却水温度变化并没有对铜板高度方向上温度的变化趋势产生任何影响，结晶器窄面铜板温度曲线的转折点依旧在距弯月面350mm左右。因此，冷却水温对结晶器铜板测温热电偶高度方向位置布置基本没有影响。

由于宽面铜板各测温位置节点结果基本相同，因此，只选择最靠近宽面中点的测温位置节点结果作为研究对象。

图3.23是不同冷却水温度下宽面铜板测温位置节点距其冷面不同距离的温度变化。由图可见，冷却水温度对宽面铜板的温度场影响与对窄边一致。与窄面分析结果不同的是，宽面铜板温度变化曲线的转折点出现较早，基本是在距离弯月面300mm左右处，这与前述所得到的结晶器宽面铜板高度方向热电偶布置位置一致。因此，可以确定不同冷却水温度对热电偶在宽面铜板的高度方向上布置位置的影响也不大。

图3.24是不同冷却水温度下宽面铜板距离其中点最近测温位置节点所计算

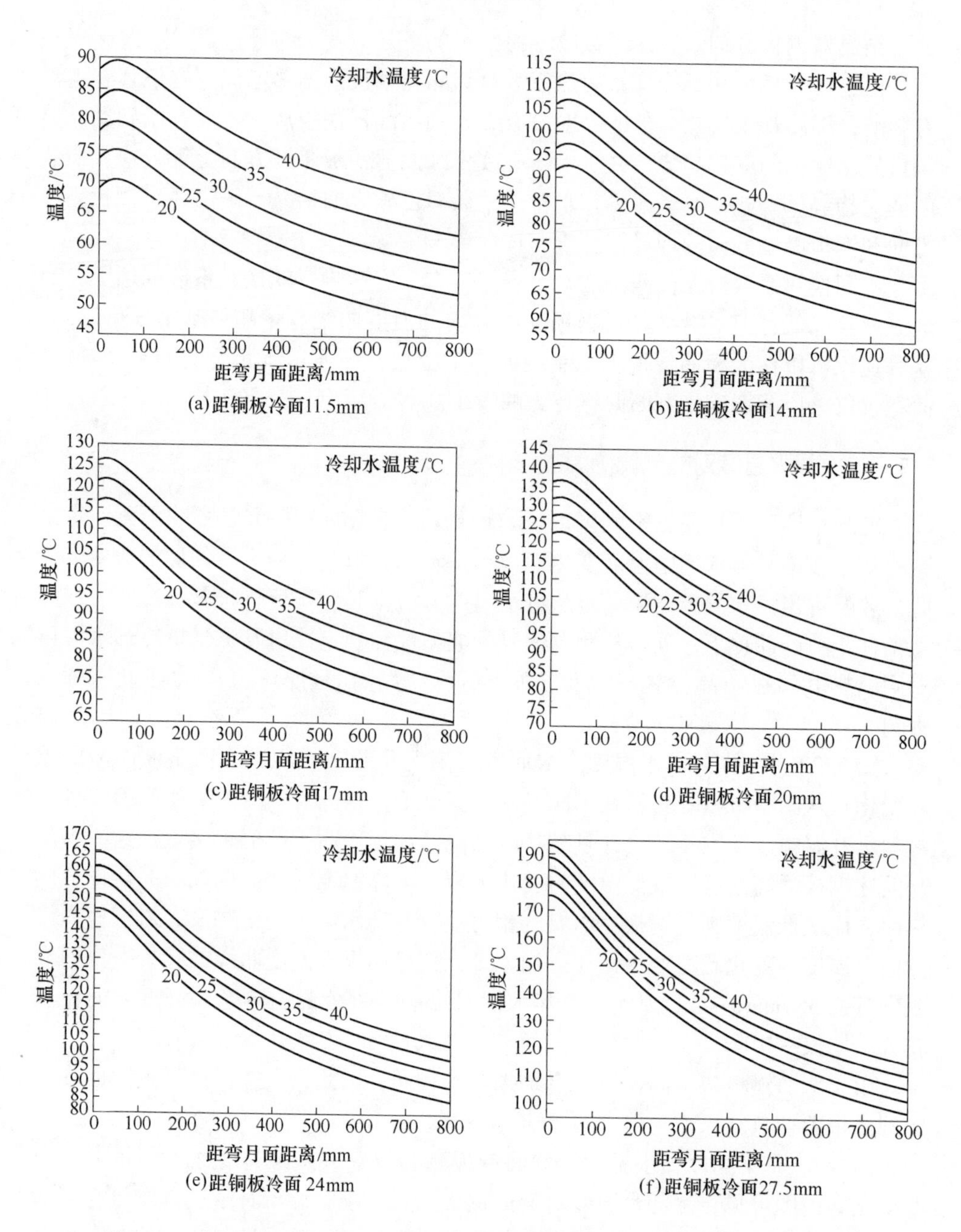

图 3.22 窄面铜板测温位置节点距其冷面不同距离处温度与冷却水温度的关系

出的距其冷面不同距离的等效应变变化。从图 3.24（a）~（e）中可以看出，等效应变曲线变化趋势与前文所得结果一致，在靠近结晶器铜板冷面约 30mm 区域内铜板的等效应变变化相对比较平缓，而超过这一区域，等效应变开始急剧增

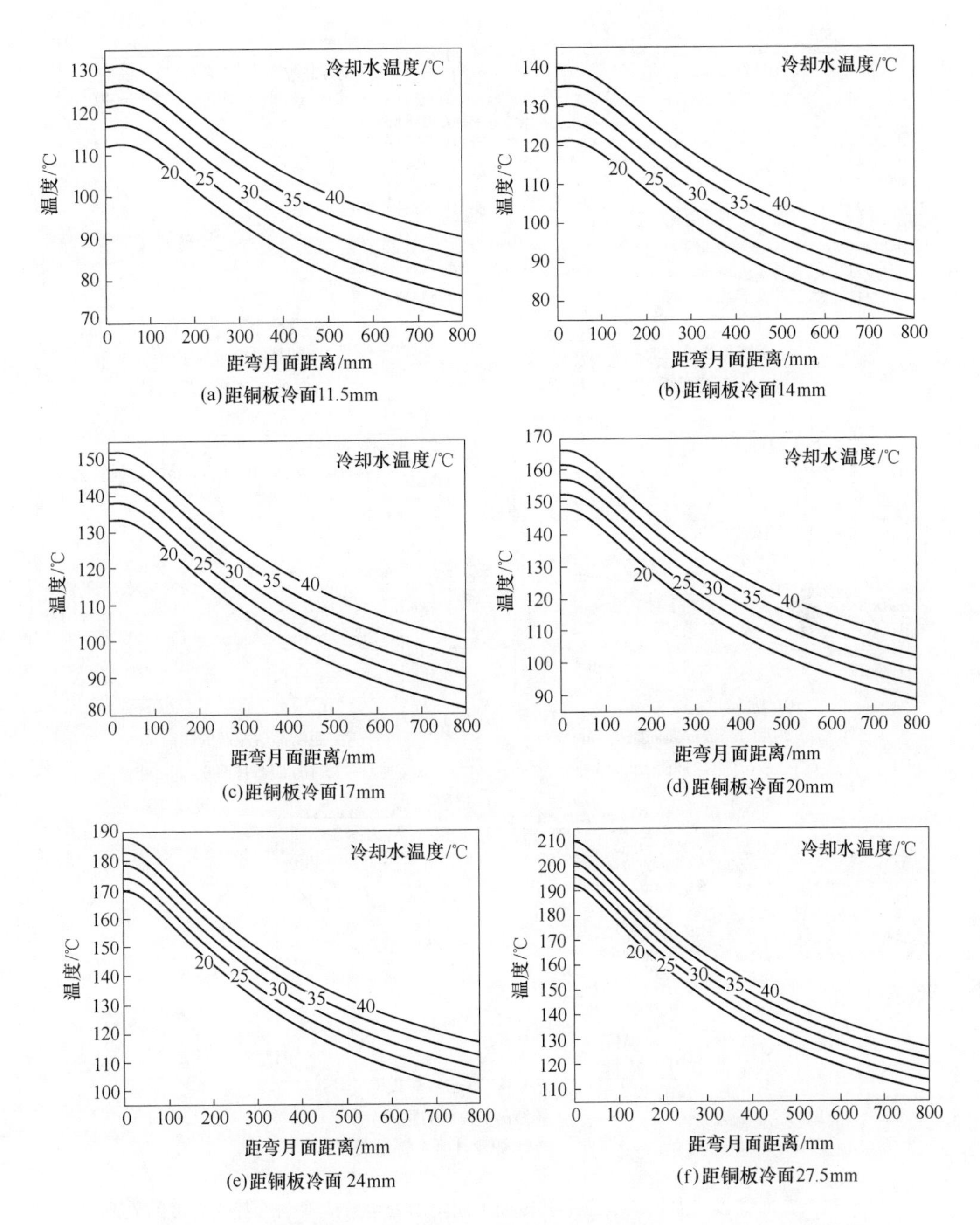

(a)距铜板冷面11.5mm

(b)距铜板冷面14mm

(c)距铜板冷面17mm

(d)距铜板冷面20mm

(e)距铜板冷面 24mm

(f)距铜板冷面27.5mm

图 3.23 宽面铜板测温位置节点距其冷面不同距离处温度与冷却水温度的关系

加。这也就是说冷却水温度对结晶器铜板等效应变温度分布基本没有影响。因此，冷却水温度变化对结晶器铜板测温热电偶在铜板厚度方向埋设深度基本没有影响。

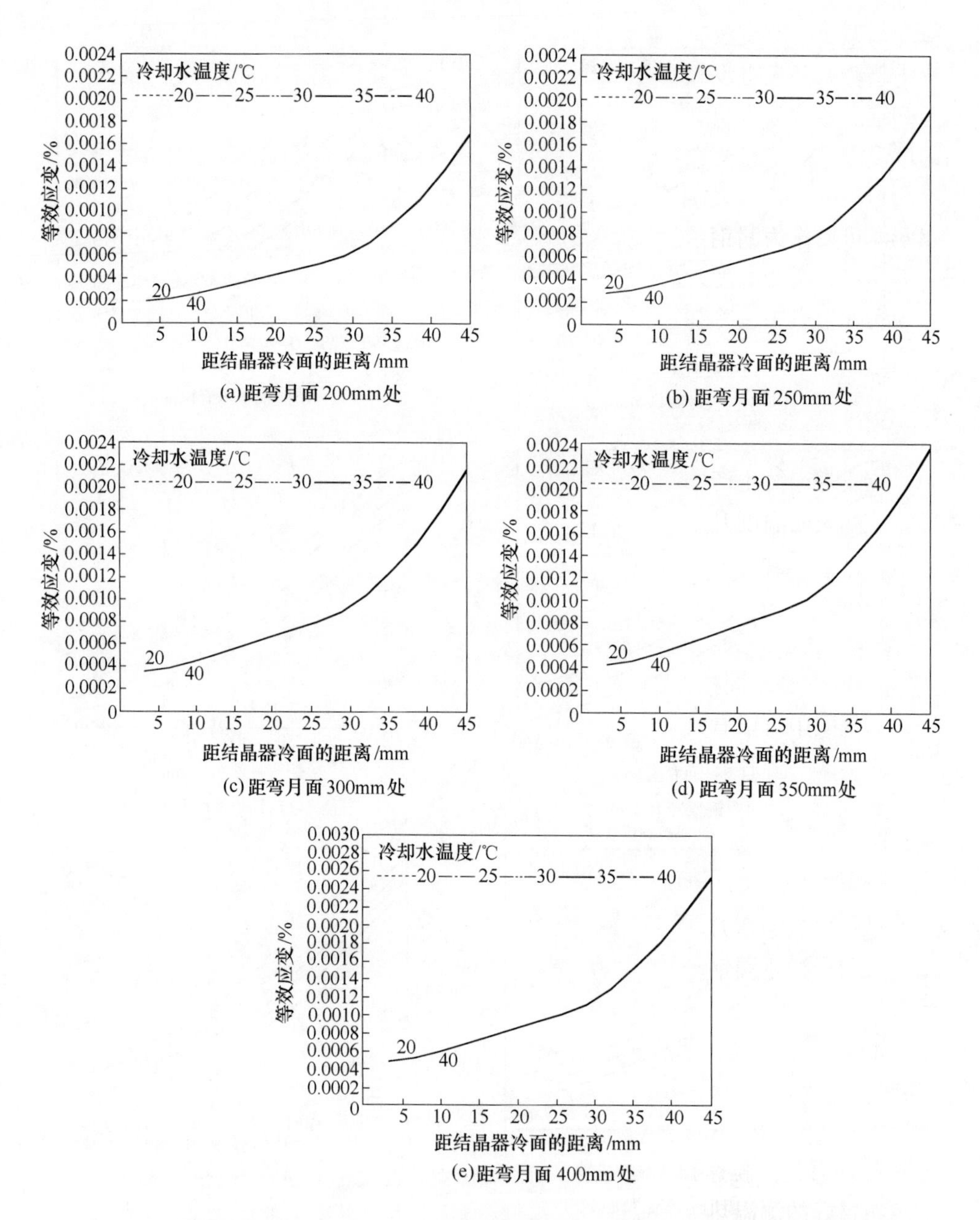

(a)距弯月面200mm处

(b)距弯月面250mm处

(c)距弯月面300mm处

(d)距弯月面350mm处

(e)距弯月面400mm处

图3.24 宽面铜板测温位置节点距其冷面不同距离处等效应变与冷却水温度的关系

值得注意的是，随着冷却水温度的升高，结晶器铜板等效应变会稍有降低。这也说明实际生产中要尽量控制冷却水温度，水温过低会引起结晶器铜板相对较大的应变，若铜板局部区域等效应变过大则会加剧铸坯表面裂纹的倾向。

分析可知，冷却水温度对结晶器铜板测温热电偶布置位置基本没有影响，即冷却水温度的改变没有影响到结晶器铜板从弯月面开始到结晶器出口处温度场的变化趋势，并且也没有改变结晶器铜板厚度方向上等效应变曲线的变化趋势。因此，结晶器冷却水温度对已确定的结晶器热电偶在铜板高度方向和铜板厚度方向的埋设深度没有任何影响。冷却水温度对铜板温度的影响与换热系数相反，随着冷却水温度的升高，铜板温度会相应升高，并且温度升高幅度非常稳定。而这一点同样可以作为漏钢预报规则制定的一个出发点，即通过所测温度的下降幅度，而不仅仅是所测温度来判断漏钢行为的发生。

实际生产中，冷却水温度与铜板的对流换热系数之间有关联，但由于其各自对铜板温度场变化的影响较为稳定，因此不会改变铜板温度的分布特征。

3.2.3 拉速对热电偶测温的影响

拉速是连铸生产中的重要工艺参数。拉速过大会造成铸坯出结晶器时坯壳过薄，铸坯表面温度升高，进而加剧铸坯产生缺陷的倾向，甚至导致因传热不足造成的漏钢事故。可见，拉速改变同样会改变结晶器热状态，进而对测温热电偶布置位置产生影响。因此，有必要从测温信号的典型性和稳定性出发，考察铸机拉速对热电偶在结晶器铜板高度方向布置和厚度方向埋设深度的影响。

图 3.25 是不同拉速条件下窄面铜板测温位置节点距其冷面不同距离的温度变化。从图中可以看到，当拉速增大时，确定点的温度曲线变化减缓，虽然仍呈抛物线形式，但越靠近铜板冷面其温度变化趋势的转折点距离弯月面越远，并且转折点特征越来越模糊。这也是拉速较其他工艺参数对结晶器铜板温度变化影响的不同之处。

如图 3.25（a）中距铜板冷面 11.5mm 时拉速为 1.6m/min 对应的曲线其变化趋势转折点距弯月面超过了 500mm，由于此处离结晶器出口仅为 300mm，因此其不利于防止漏钢动作的实施。拉速对确定点温度曲线变化趋势的影响随着其距铜板冷面距离的增大而减小，而这一影响直到距铜板冷面约 24mm 处才逐渐消除。随着拉速的减小，确定点温度曲线变化趋势的转折点有向弯月面区域靠近的趋势。图 3.25（a）~（f）中均显示出比较明显的变化，如距离结晶器铜板冷面最远处（f）图中拉速为 1.0m/min 时对应的曲线，其转折点提前到距弯月面 300mm 左右处。拉速减小，热电偶仍然布置在温度变化的缓和区，因此不会影响已经布置好的测温热电偶的信号典型性。

实际生产中，高拉速下产生黏结漏钢的几率较高，并且漏钢预报预测的精度也会下降。这一结果与拉速升高对铜板高度方向温度变化的影响有着密切的关系。因此，设计结晶器铜板测温热电偶的位置时，应根据设计拉速的最大值找到结晶器铜板温度曲线的变化趋势转折点来确定热电偶在结晶器铜板高度方向的位置。同时，在找到正常浇注拉速上限对应的温度曲线转折点后，可以通过加深热

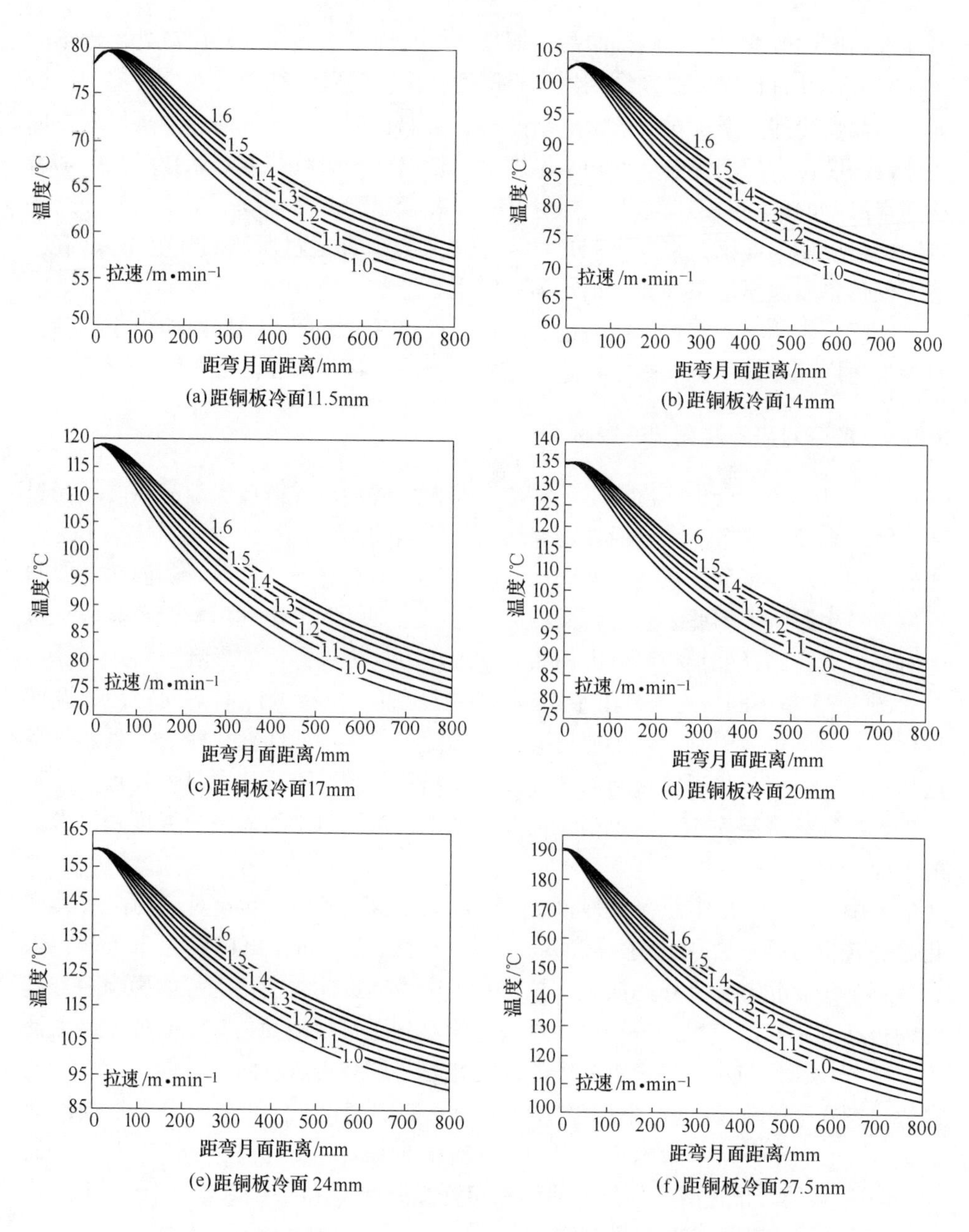

图 3.25　窄面铜板测温位置节点距其冷面不同距离处温度与拉速的关系

电偶的埋设深度来减弱拉速提高后对测温信号典型性的影响；由于宽面铜板各测温位置节点结果基本相同，因此只选择最靠近宽面中点的测温位置节点结果作为研究对象。

图 3.26 是不同拉速条件下宽面铜板测温位置节点距其冷面不同距离的温

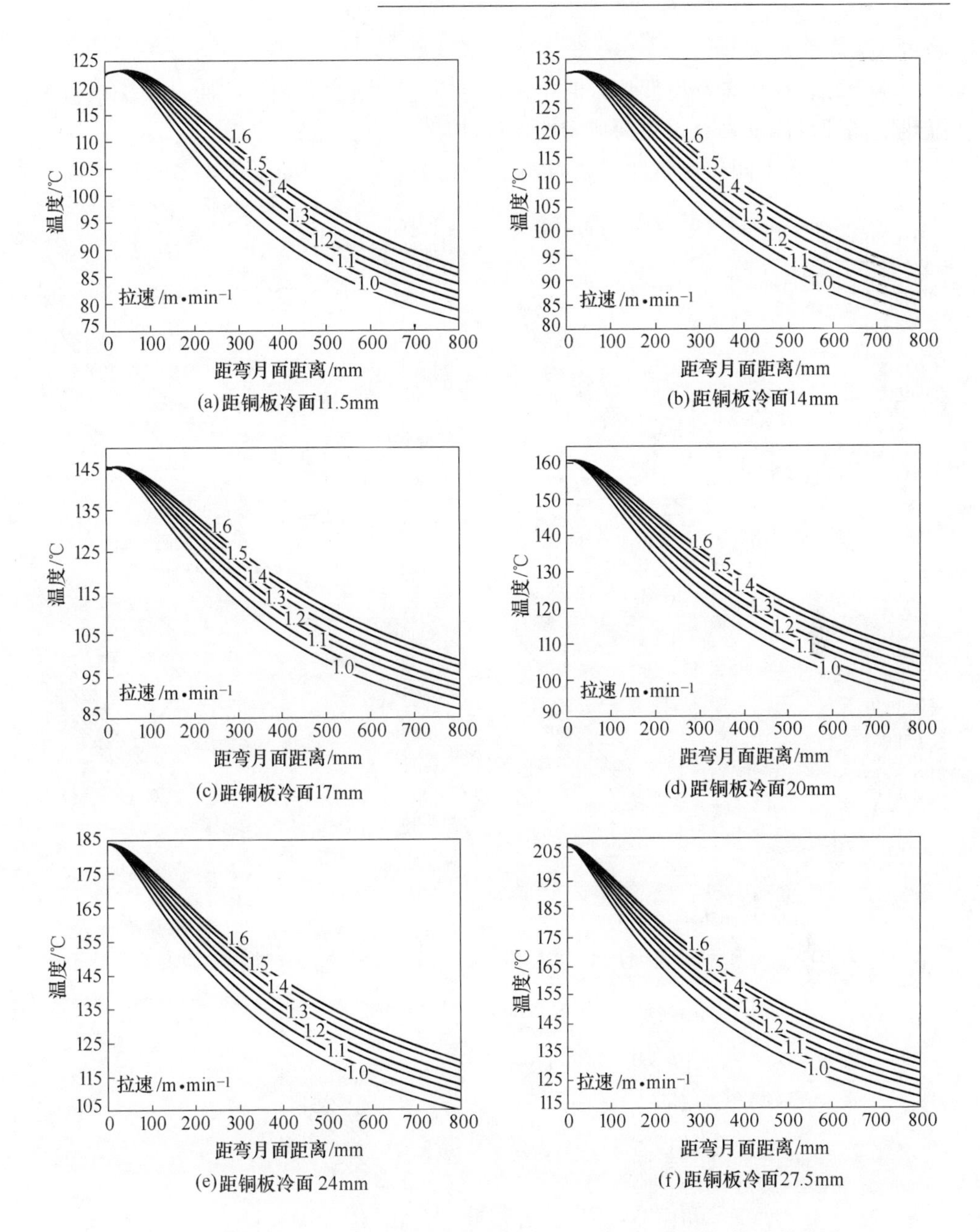

图 3.26 宽面铜板测温位置节点距其冷面不同距离处温度与拉速的关系

度变化。从图中可以看到，拉速对宽面铜板温度场的影响与对窄面类似。当拉速增大时，确定点的温度曲线变化减缓，虽然仍呈抛物线形式，但越靠近铜板冷面其温度变化趋势的转折点离弯月面越远，并且转折点的特征越来越模糊。而当拉速减小时，确定点温度曲线的变化趋势转折点有向弯月面区域靠近的趋势。

基于此，在设置热电偶位置时可采取与窄边相同的方式，并通过加深铜板测温热电偶埋设深度来获得更为典型的温度曲线。

图 3. 27 是不同拉速条件下宽面铜板距其中点最近的测温位置节点距冷面不

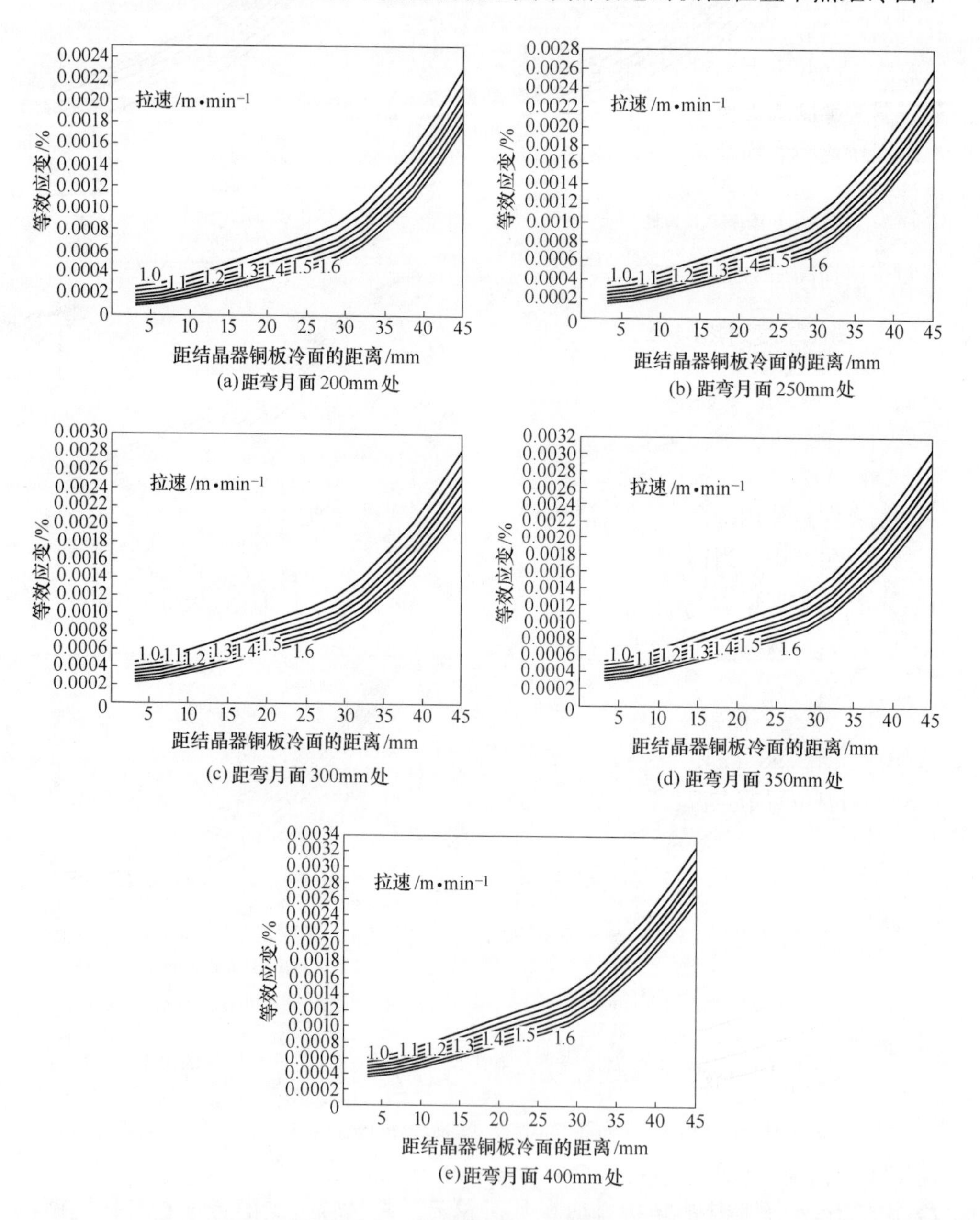

(a) 距弯月面 200mm 处

(b) 距弯月面 250mm 处

(c) 距弯月面 300mm 处

(d) 距弯月面 350mm 处

(e) 距弯月面 400mm 处

图 3. 27　宽面铜板测温位置节点距其冷面不同距离处等效应变与拉速的关系

同距离的等效应变变化。从图中可以看出，随着拉速的增大，结晶器的等效应变会随之增加，但其对应变曲线变化趋势没有任何影响。如前文分析结果，在靠近结晶器铜板冷面约 30mm 的区域内铜板的等效应变变化相对比较平缓，而超过这一区域，等效应变开始急剧增加。

拉速对结晶器铜板布置位置的影响相对较大，但考虑到铸机在稳定生产时，其拉速波动并不大。对于板坯而言，生产中较大的拉速波动通常是在开浇、结晶器在线调锥度或更换中间包时出现的，而此时拉速往往很低，正常生产中基本上不出现拉速的大幅升高。因此，设计结晶器铜板测温热电偶布置位置时，应根据设计拉速找到结晶器铜板高度方向上温度曲线的变化趋势转折点来确定热电偶在结晶器铜板高度方向的位置；找到这一位置后可以通过加深热电偶的埋设深度来减弱拉速提高后对测温信号典型性的影响。

3.2.4　铜板厚度对热电偶测温的影响

浇注过程中，结晶器承受着高温钢水和低温冷却水的共同作用，恶劣的工作环境使得结晶器铜板发生不同程度形变、甚至出现裂纹；连铸坯壳对结晶器热面的磨损也成为结晶器损伤的一个重要因素。板坯结晶器铜板造价昂贵，因此，提高结晶器铜板使用寿命是连铸生产成本控制的重要环节。

实际生产中，当铜板热面磨损过大时就需要下线修磨，重新镀层，以备继续使用。修磨会使得铜板厚度减薄，但结晶器铜板冷面水槽和已经布置的热电偶位置却没有变化，这样势必会影响结晶器铜板热电偶的测温。因此，研究结晶器铜板热电偶布置就必须考虑铜板厚度变化的影响。

图 3.28 是不同铜板厚度下窄面铜板测温位置节点距其冷面不同距离的温度变化。从图 3.28（a）~（g）中可以发现对于铜板窄边而言，铜板厚度越薄，其所对应测温位置节点温度变化曲线的转折点越向弯月面区域靠近，即铜板厚度减薄，铜板测温热电偶在高度方向的位置可以上移，并且其变化也越为典型。而对

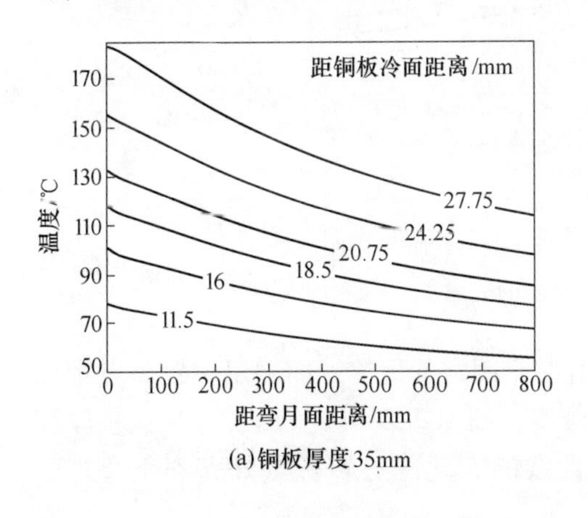

(a)铜板厚度35mm

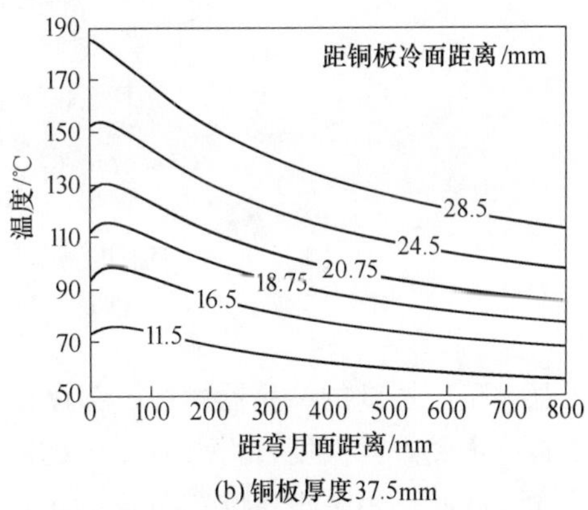

(b)铜板厚度37.5mm

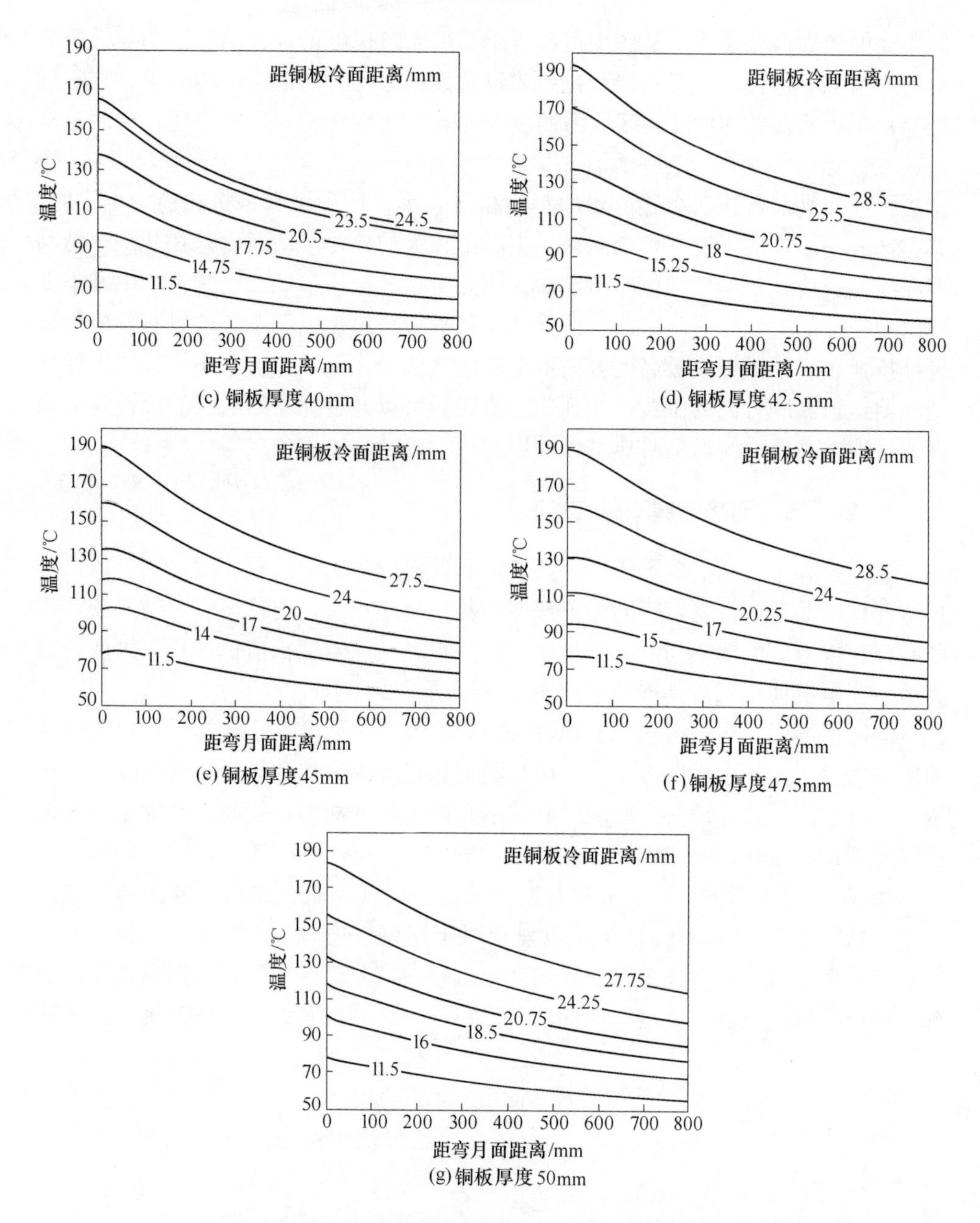

(c) 铜板厚度40mm

(d) 铜板厚度42.5mm

(e) 铜板厚度45mm

(f) 铜板厚度47.5mm

(g) 铜板厚度50mm

图 3.28 窄面铜板测温位置节点距其冷面不同距离处温度与铜板厚度的关系

于某一确定厚度的结晶器而言，都存在着一个固定的规律，即测温位置节点距离铜板冷面越远其温度转折点的变化越为典型。如图 3.28（a）所示，当铜板厚度为35mm 时，相应测温位置节点的温度曲线的变化趋势转折点升高到距弯月面

300mm 以内的位置。

与拉速对铜板测温的影响相似，温度曲线转折点提前对已经确定热电偶高度方向位置的漏钢预报系统影响相对较小，漏钢预报系统仍然可以获得相对稳定的数据以降低误报。由于宽面铜板各测温位置节点结果基本相同，因此只选择最靠近宽面中点的测温位置节点结果作为研究对象。

图 3.29 是不同铜板厚度条件下宽面铜板测温位置节点距其冷面不同距离的

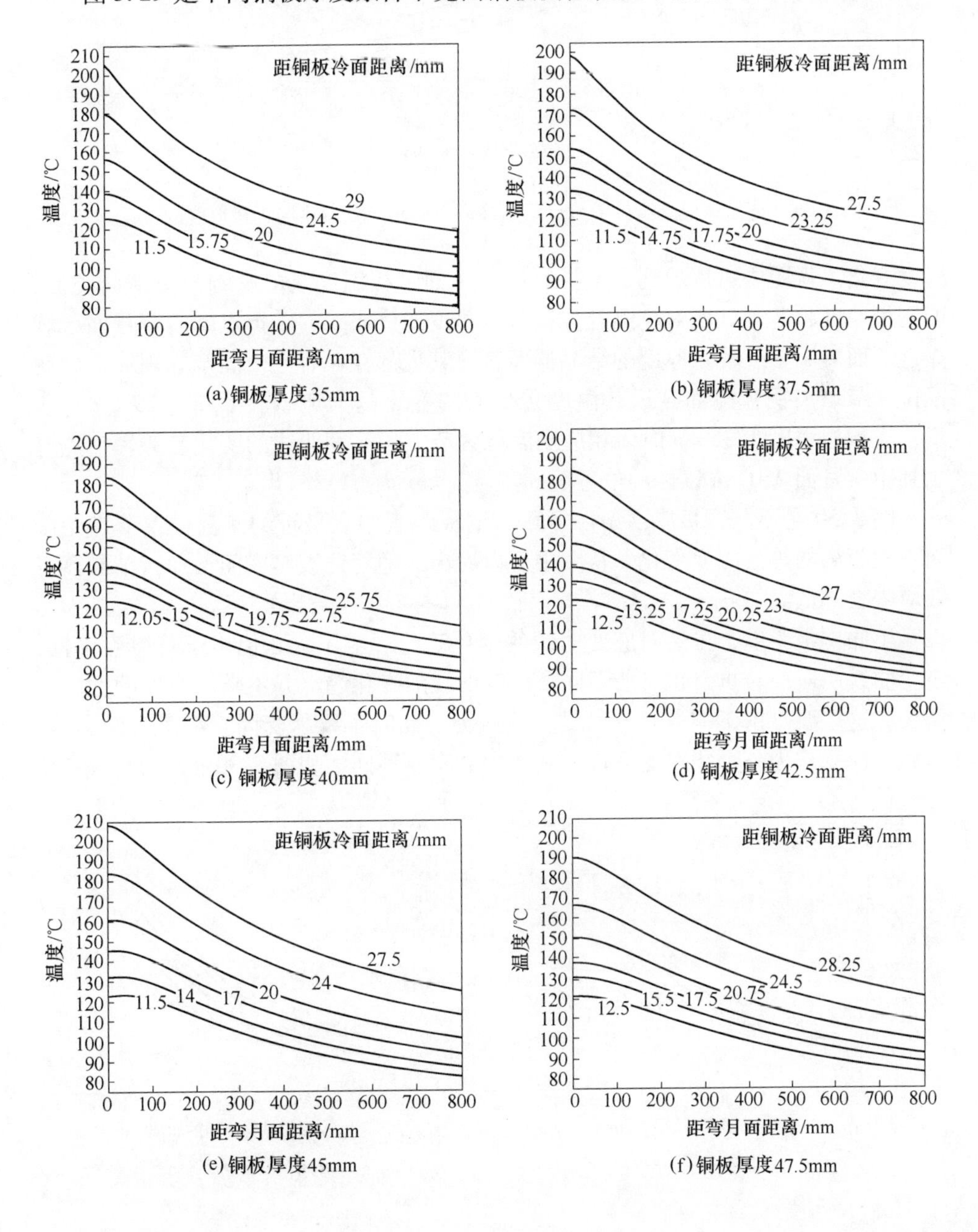

(a)铜板厚度35mm (b)铜板厚度37.5mm

(c) 铜板厚度40mm (d) 铜板厚度42.5mm

(e)铜板厚度45mm (f)铜板厚度47.5mm

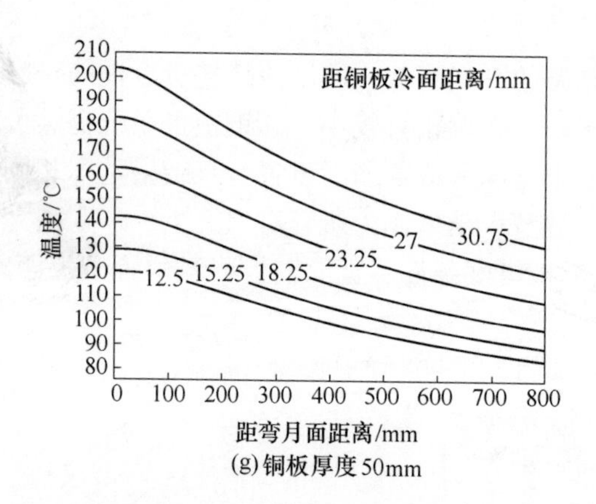

(g) 铜板厚度 50mm

图 3.29 宽面铜板测温位置节点距其冷面不同距离处温度与铜板厚度的关系

温度变化。从图中可以看到，铜板厚度对宽面铜板温度场的影响与对窄面类似，即铜板厚度越薄，其所对应测温位置节点温度变化曲线的转折点越向弯月面区域靠近。而对于某一确定厚度的结晶器而言，其也都存在着一个固定的规律，即测温位置节点离铜板冷面越远其温度转折点的变化越为典型。如图 3.29（a）所示，当铜板厚度为 35mm 时，相应测温位置节点的温度曲线的变化趋势转折点升高到距弯月面 250mm 以内的位置。

图 3.30 是不同铜板厚度条件下宽面铜板距其中点最近的测温位置节点距冷面不同距离的等效应变变化，从图中可以看出，随着铜板厚度的增加，结晶器等效应变会降低。

不同铜板厚度，虽然对应变曲线的变化趋势影响不大，但由于其厚度不同，应变曲线所对应转折点也有所不同。应变曲线的变化趋势并不随着厚度的增大而增大，这主要是由于铜板一方面承受热应力，同时也要承受固支约束力的影响。因此，应变作为一个相对变形量，其变化会有所不同。如图 3.30（a）所示，当

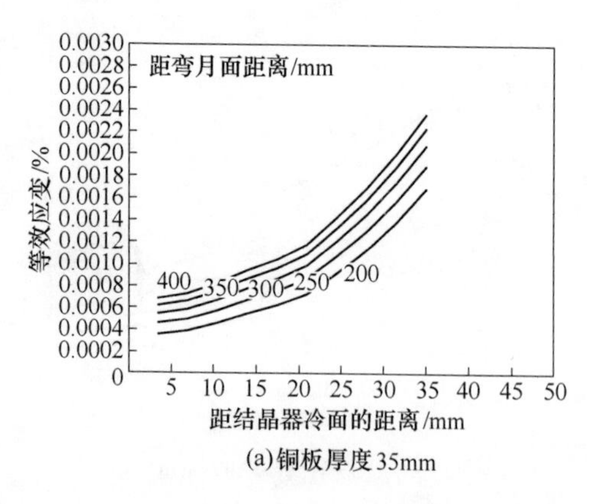

(a) 铜板厚度 35mm

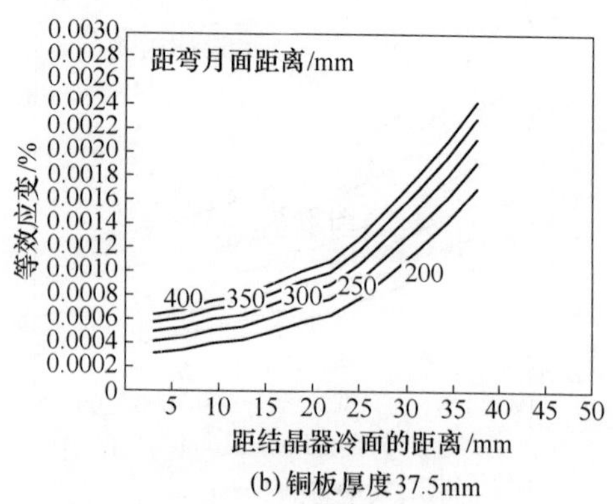

(b) 铜板厚度 37.5mm

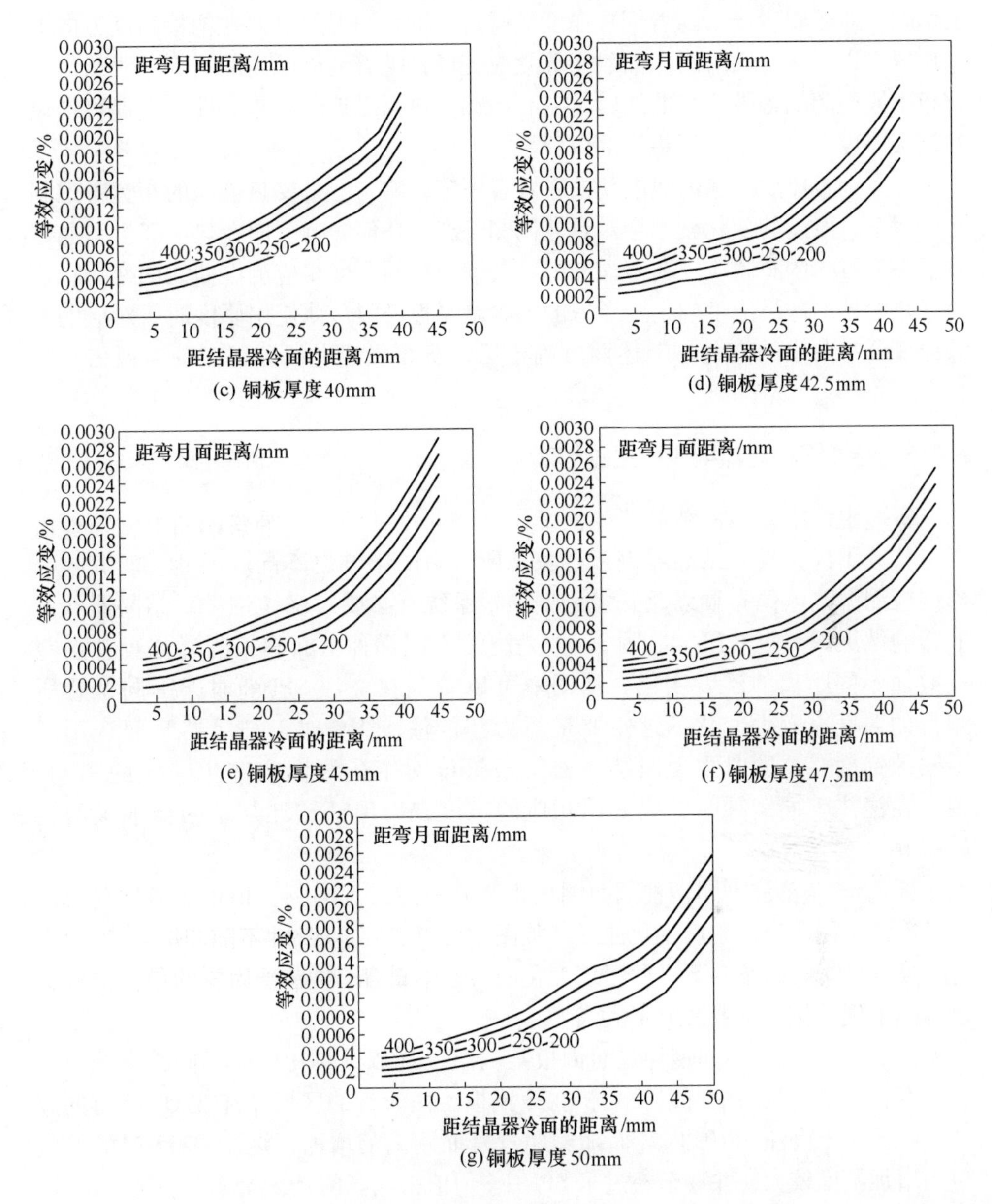

图 3.30 宽面铜板测温位置节点距其冷面不同距离处等效应变与铜板厚度的关系

铜板厚度为35mm 时，其曲线转折点距铜板冷面22mm 左右,而当厚度为50mm 时[见图 3.30（g)]，其曲线转折点距铜板冷面 35mm 左右，并且越靠近热面其产生的波动越大。

从前述分析可知，结晶器铜板厚度对结晶器铜板的温度场和应力场均有一定的影响。对于温度场，随着铜板厚度的减薄，铜板测温热电偶在铜板高度方向上的位置可以向弯月面靠近。而对于等效应变场，随着铜板厚度的增大，距结晶器铜板不同距离的等效应变曲线转折点有向铜板热面靠近的趋势，即热电偶可埋设在铜板厚度方向上距冷面更深的位置。

虽然铜板厚度对测温热电偶的布置有一定影响，但只要热电偶的布置考虑到相应因素，厚度的变化就不会对热电偶测温产生任何影响。即在热电偶沿结晶器铜板高度方向的布置应主要考虑的因素是铜板初始厚度相应测温曲线的变化；而对于热电偶的埋设深度应主要考虑的因素是铜板极限最薄使用厚度时所对应的等效应变分布曲线的变化。上述两点确定后，所布置热电偶即可实现测温信号的稳定。

3.2.5 连铸钢种对热电偶测温的影响

实际生产中，同一结晶器往往要满足不同钢种的浇注需要，而不同钢种由于热特性不同，其对结晶器铜板热状态所带来的影响也不同。因此，研究结晶器铜板测温热电偶布置以及开发漏钢预报系统有必要对浇注钢种对结晶器状态的影响做更深一步的研究。图 3.31 是浇注不同钢种窄面铜板测温位置节点距其冷面不同距离的温度变化。从图中可以看到在浇注 SPHC 时，不同位置所测得的温度有较大变化，这主要是因为在浇注 SPHC 时，结晶器窄面选用了不同的锥度。这同时也说明结晶器窄边锥度对窄边测温会产生一定的影响，因此在浇注不同钢种时，应采用相应的锥度，以保证铸坯与结晶器铜板的良好接触。

图 3.32 是浇注不同钢种宽面铜板距离其中点最近的测温位置节点所测得的距其冷面不同距离的温度变化曲线。从图中可以看到，浇注两钢种时，在宽面没有考虑锥度影响的条件下，两温度变化曲线基本重合，即浇注钢种对结晶器铜板测温热电偶的位置布置影响不大。

图 3.33 是浇注不同钢种宽面铜板某测温位置节点距其冷面不同距离的等效应变变化曲线。从图中可以看到，在距铜板冷面较近的区域，浇注 Q235 时的等效应变要小于浇注 SPHC 时，而随着距弯月面距离的增加，浇注 Q235 时的等效应力增加幅度较大，并逐渐超过了 SPHC。但值得注意的是，无论浇注哪一钢种，其对应等效应变曲线的变化趋势没有受到影响，即测温热电偶埋设深度不会因为浇注钢种的不同而受到影响。

上述分析可见，在合理的浇注工艺条件下，所研究钢种 Q235 和 SPHC 对结晶器铜板测温热电偶位置的布置基本没有影响。测温热电偶的最佳布置位置不随浇注钢种的改变而改变，这也说明了基于铜板温度监测的漏钢预报系统具有一定通用性。

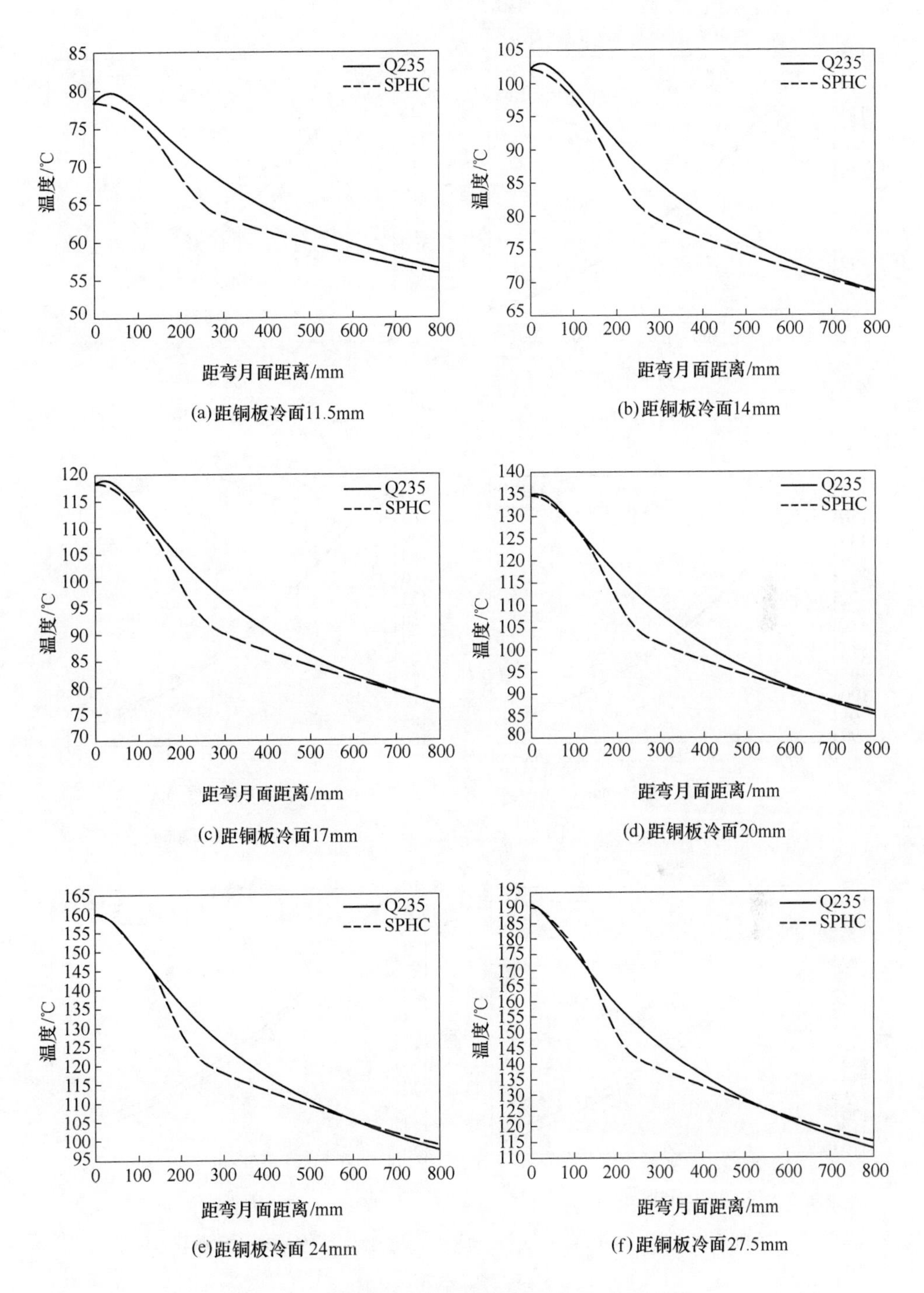

图 3.31　窄面铜板某测温位置节点距其冷面不同距离处温度与浇注钢种的关系

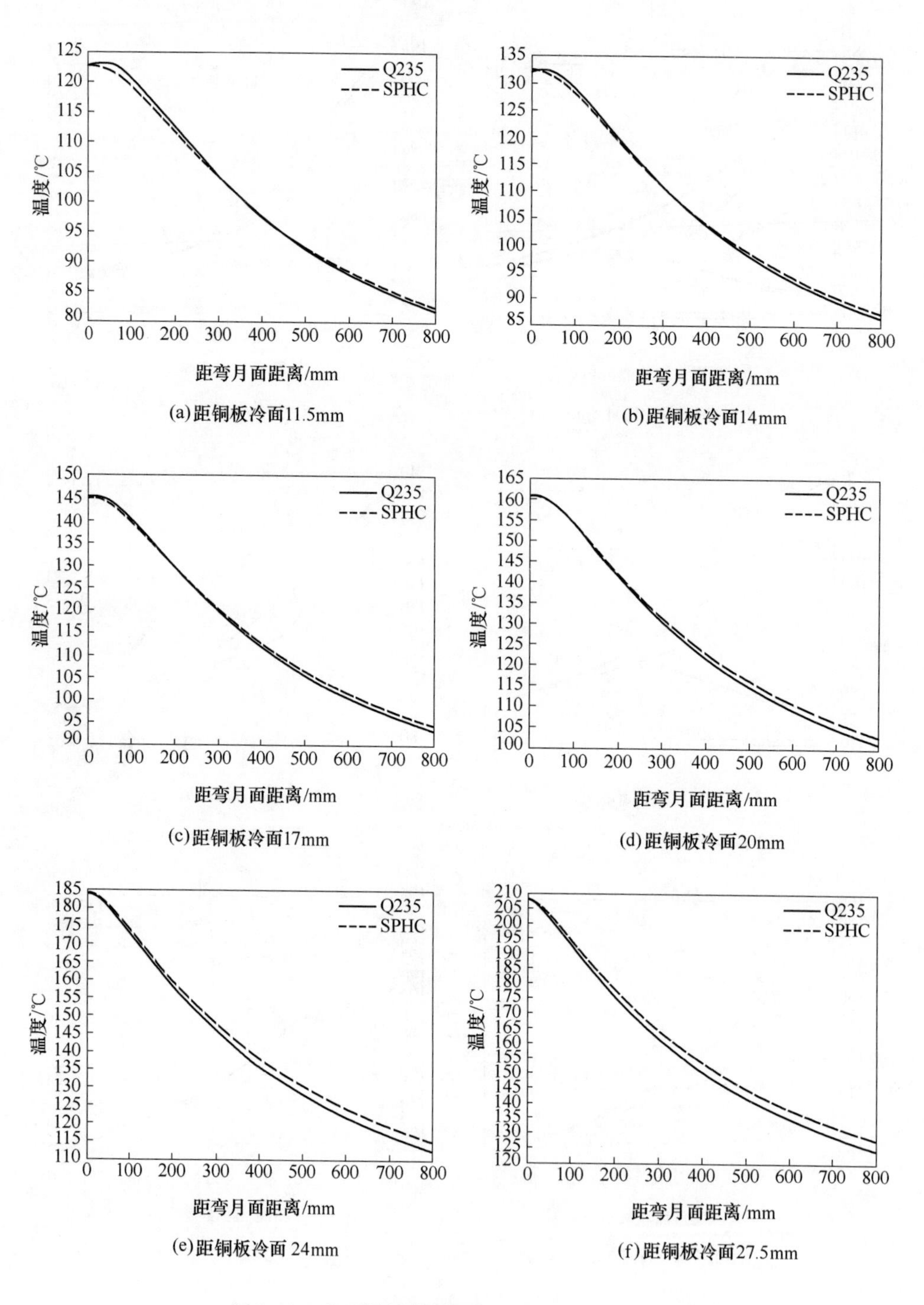

图 3.32 宽面铜板某测温位置节点距其冷面不同距离处温度与浇注钢种的关系

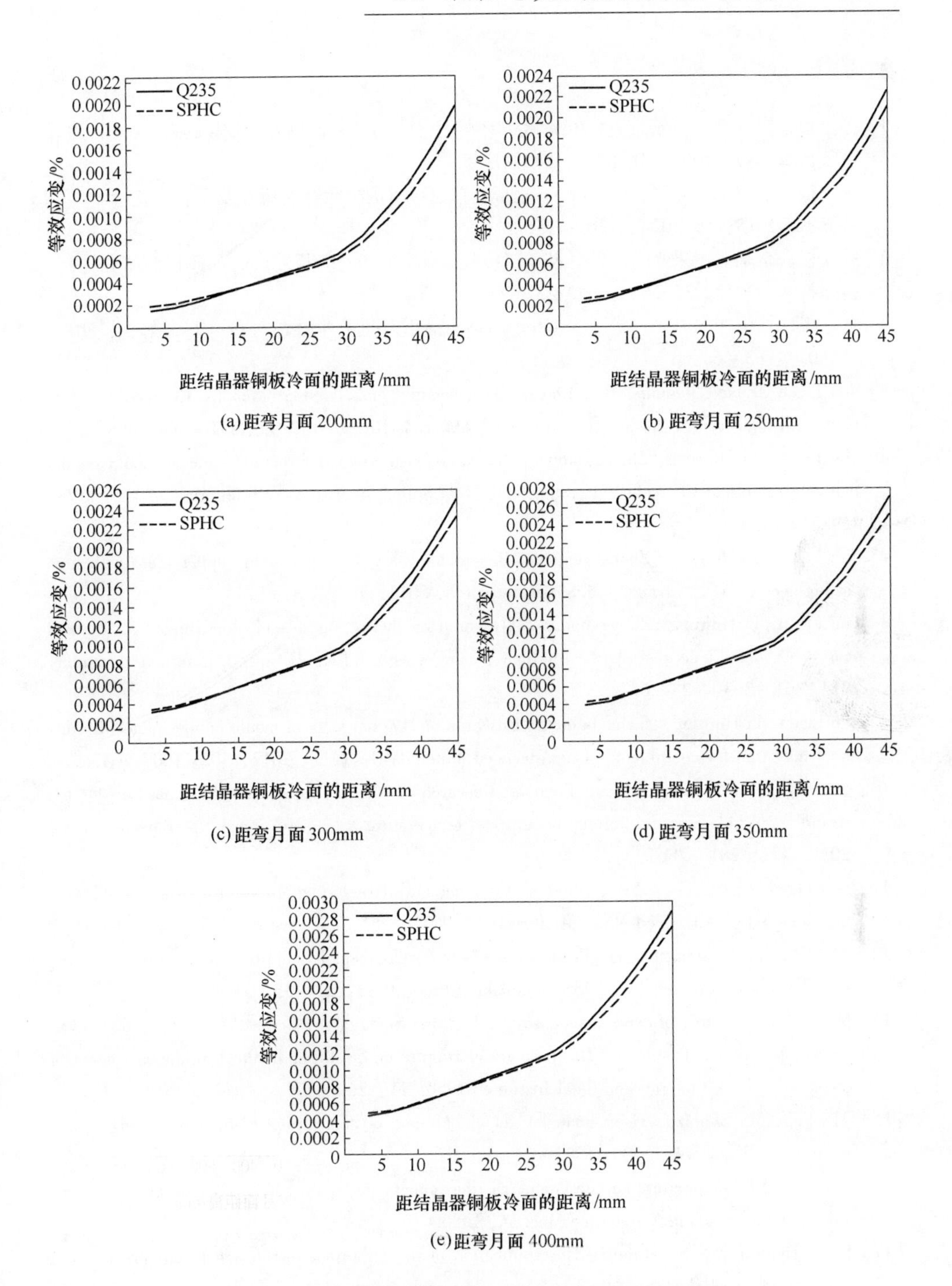

图3.33 宽面铜板某测温位置节点距其冷面不同距离处等效应变与浇注钢种的关系

参考文献

[1] 孙立根，崔立新，张家泉．U71Mn 大方坯凝固坯壳与结晶器铜管温度场的数值模拟 [J]. 系统仿真学报，2009，21（7）：1862－1865.

[2] 孙立根，刘阳，任英强，等．65Mn 矩形坯单点矫直的凝固行为研究及工艺优化 [J]. 钢铁钒钛，2015，36（02）：120－125.

[3] 孙立根，李晓斐，朱立光，等．基于二冷配水优化的 65Mn 板坯内部品质控制研究 [J]. 铸造技术，2017，38（02）：372－376.

[4] 孙立根，刘阳，朱立光，等．SS400 和 65Mn 钢高温热力学性能分析 [J]. 炼钢，2015，31（03）：63－68.

[5] Sun Ligen, Zhang Jiaquan. Research on thermocouple embedded position for CC mould copper plate with high casting speed [J]. Advanced Materials Research, 2011, 291－294: 698－705.

[6] Sun Ligen, Li Huirong, Zhang Jiaquan. Research on thermal deformation state of mould copper plate with different CC technical parameters[J]. Applied Mechanics and Materials, 2012, 117－119:949－953.

[7] Sun Ligen, Li Huirong, Zhang Jiaquan. Research on hot state of mould copper plate with high casting speed [J]. Advanced Materials Research, 2011, 337: 214－218.

[8] Sun Ligen, Li Huirong, Zhang Jiaquan. Research on thermocouple embedded theory for thermal state of CC mould copper plate with high casting speed [J]. Advanced Materials Research, 2012, 361－363: 623－627.

[9] Sun Ligen, Li Huirong, Zhang Jiaquan. Research on thermal state of mould copper plate with different heat transfer coefficient [J]. Advanced Materials Research, 2012, 402: 160－164.

[10] Sun Ligen, Li Huirong, Zhang Jiaquan. Research on thermocouple embedded position for CC mould copper plate with different cooing water temperature [J]. Advanced Materials Research, 2011, 421: 281－286.

[11] Sun Ligen, Li Huirong, Zhang Jiaquan. Influence of different steel grades casting for mould thermal state [J]. Advanced Materials Research, 2012, 487: 89－93.

[12] A. Delhalle, J. Mariotton, J. Birat, et al. New development in quality and process monitoring on solmer's slab caster [C]. ISS Steelmaking Proc, 1984: 21－35.

[13] M. M. Wolf. History of continuous casting [C]. ISS Steelmaking Conf. Proc, 1992: 83－137.

[14] J. Savage, W. H. Pritchard. The problem of rupture of the billet in the continuous casting of steel [J]. J. of the Iron and Steel Institute, 1954, 11: 269－277.

[15] M. Yaji, M. Shimizu, H. Yamanaka, et al. Method of controlling continuous casting equipment [P]. U. S.: 4553604, 1985－11－9.

[16] T. Araki. Recent progress in continuous casting process in Japan [R]. 12th Japan-Czechoslovakia: Joint Economic Committee Meeting, 1986.

[17] S. G. Thornton, N. S. Hunter. The application of mold thermal monitoring to aid process and quality control when slab casting for heavy plate and strip grades [C]. ISS Steelmaking Conf. Proc, 1990: 261－274.

[18] S. Itoyama, H. Yamanaka, S. Tanaka, et al. Prediction and prevention system for sticking－

type breakout in continuous casting [C]. ISS Steelmaking Conf. Proc, 1988: 97 - 102.

[19] 李军明，马新光，薛勇强，等. 唐钢 FTSC 工艺结晶器热像图在生产实践中的应用 [J]. 连铸, 2006, 2: 10 - 11.

[20] Yang Hongliang, et al. Development of mathematical model based on coupling fluid flow and solidification processes in continuous casting of steel [C]. Proceedings of the International Conference MSMM'96, 1996: 361 - 365.

[21] Kyung - hyun Kim, Kyu Hwan Oh, Dong Nyung Lee. Mechanical behavior of carbon steels during continuous casting [J]. Scripta Materialia, 1996, 34 (2): 301 - 307.

[22] Avijit Moitra, Brian G. Thomas, Hong Zhu. Application of a thermomechanical model for steel shell behavior in continuous slab casting [C]. Steelmaking conference proceeding, 1993: 657 - 667.

[23] A. Marcandalli, C. Mapelli, W. Nicodemi. A thermomechanical model for simulation of carbon steel solidification in mould in continuous casting [J]. Ironmaking and Steelmaking, 2003, 30 (4): 265 - 272.

[24] E. Friedman. Thermomechanical analysis of the welding process using the finite element method [C]. Transaction of the ASME, Journal of Pressure Vessel Technology, 1975: 206 - 213.

[25] K. Tacke. Discretization of explicit enthalpy method for planar phase change [J]. Int. J. Numer. Methods Eng, 1985, 21: 543 - 554.

[26] A. M. Cames-Pintaux, M. Nguyen - Lamba. Finite element enthalpy method for discrete phase change [J]. Numer. Heat Transfer, 1986, 9: 403 - 417.

[27] S. R. Runnels, G. F. Carey. Finite element simulation of phase change using capacitance methods [J]. Numer. Heat Transfer, 1991, 19: 13 - 30.

[28] E. C. Lemmon. Multidimensional integral phase change approximations for finite element conduction codes [C]. R. W. Lewis, K. Morgan, O. C. Zienkiewicz eds. Numerical Methods in Heat Transfer. Chichester: Jhon Wiley & Sons Ltd, 1981: 201 - 213.

[29] J. Crank. How to deal with moving boundaries in thermal problems [C]. R. W. Lewis, K. Morgan, O. C. Zienkiewicz eds. Numerical methods in Heat Transfer. Chichester: Jhon Wiley & Sons Ltd, 1981: 177 - 200.

[30] K. Sorimachi, M. Kuga, M. Saigusa, et al. Influence of mold powder on breakout caused by sticking [J]. Fachberichte Huttenpraxis Metallweiterverarbeitung, 1982 (20), 4: 244 - 247.

[31] G. Xia, R. Martinelli, Ch. Furst, et al. Mathematical simulation of steel shell formation in slab casting [C]. CCC, Linz/Austria, Innovation Session, 1996, 6: 1 - 10.

[32] 荆德君. 连铸结晶器内钢水凝固过程热和应力状态数值模拟研究 [D]. 北京: 北京科技大学, 2001.

[33] 王恩钢. 结晶器内铸坯热/力学行为的有限元数值模拟研究 [D]. 沈阳: 东北大学, 1998.

[34] T. W. Clyne, M. Wolf, W. Kurz. The effect of melt composition on solidification cracking of steel, with particular reference to continuous casting [J]. Metallurgical Transactions, 1982, 13B: 259 - 266.

[35] 崔立新. 板坯连铸动态轻压下工艺的三维热力学模型研究 [D]. 北京: 北京科技大学, 2005.

4 测温热电偶的安装与可靠性检测

热电偶是当前结晶器漏钢预报和质量预报系统的主要测温元件。从结晶器铜板背面沿法线方向开孔安装热电偶是当前的主要模式。尽管这种模式便于加工与安装，但在理论上并非最优。因为埋设方向与结晶器热流传播方向一致，热电偶本身导出热流大，对当地实际温度干扰也较大。

基于以上原因，有学者提出了从结晶器铜板顶部或底部开孔，垂直于铜板热流方向布置热电偶。这种方法具有热干扰小、所测温度对热电偶位置误差敏感性小的特点，但对机加与铜板变形控制要求比较高。目前，铜板背面开孔的测温方式仍然是主流。

本章开发了基于不同热电偶埋设方式的结晶器铜板的三维有限元模型，从理论上进一步分析不同热电偶埋设方式对结晶器铜板热—力学行为的影响。

4.1 热电偶安装方式对测温稳定性的影响

4.1.1 不同开孔模式下的结晶器铜板的三维有限元模型的建立

依据板坯连铸结晶器段的冷却工艺特点、要求以及结晶器铜板有无测温热电偶和热电偶的埋设方式，建立了结晶器铜板的三维热—力耦合弹塑性模型。其中，结晶器宽面和窄面铜板冷面结构如图 3.16 所示。

考虑到结晶器铜板横向和纵向结构具有相似性，本模型计算域仅包括热电偶埋设位置周边有代表性的区域。为更好地比较两种热电偶埋设方式对铜板热状态的影响，本节分别建立了宽面、窄面铜板无热电偶埋设、背面开孔、顶部开孔等共 6 个有限元分析模型，通过相互比较来确定最为合理的热电偶埋设方式。

4.1.1.1 三维有限元模型的建立

以当前生产中代表性的板坯连铸结晶器为例，其铜板纵向两螺栓固定点的距离为 100mm，宽面铜板横向两螺栓固定点的距离同样为 100mm。为此，宽面铜板计算域可在横向和纵向上均取 100mm。对于窄面铜板而言，其横向总宽度为 226mm，因此在其横向上取铜板宽度的一半（113mm），纵向上取 100mm。所有三维模型在 z 方向的取值为铜板的厚度（45mm）。三维模型的计算域分别如图 4.1（a）~（f）所示。其中宽面铜板模型区域的选取原则是：保证铜板背部开孔位置正处于模型的正中心，而窄面铜板模型区域选取原则是保证铜板背部开孔时

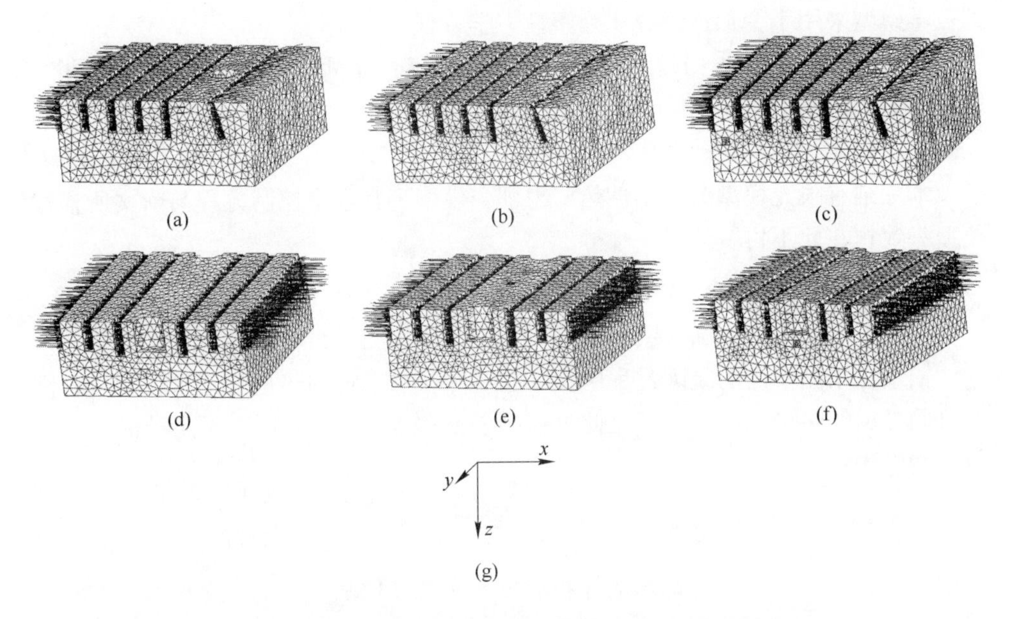

图4.1 不同测温模式下结晶器铜板的局域三维有限元模型

所开孔位置正处于模型 y 方向的中间点。

其中，图4.1（a）~（c）为窄面铜板无热电偶埋设、背面开孔和顶部开孔的计算模型；而图4.1（e）~（f）分别为宽面铜板无热电偶埋设、背面开孔及顶部开孔的三维模型计算域，图4.1（g）为模型坐标系。

4.1.1.2 模型基本假设

本模型中，X 方向为结晶器铜板水平宽度方向，Y 方向为结晶器铜板垂直高度方向，Z 方向为结晶器铜板厚度方向。本模型为稳态模型，研究结晶器铜板在传热的同时，自身结构对结晶器铜板传热以及应力/应变场的影响。模型假设如下：

（1）考虑板坯结晶器铜板热电偶测温位置在构型上的相似性，认为所选取的某热电偶测温位置为中心的计算域具有一定代表性。

（2）考虑到坯壳对钢水静压力有一定的支撑和抵消作用，直接作用到结晶器铜板上的力与钢水静压力相比要小很多，假设作用到铜板上的力与钢水静压力之间的比值为一定值。

（3）忽略结晶器振动对结晶器铜板所承受压力的影响。

（4）主要分析对象为结晶器铜板热电偶布置区域，忽略窄面铜板与宽面铜板接触区域的换热。

（5）不考虑坯壳与铜板之间因热与机械变形载荷造成的接触摩擦，并且忽略结晶器振动引起的拉坯方向的纵向摩擦。

（6）结晶器铜板变形量很小，因此仅考虑材料非线性，不考虑几何非线性，即数学模型采用小变形连续介质弹塑性力学方程。

（7）结晶器铜板采用弹塑性本构模型，遵守 Von Mises 屈服准则和 Prandtl - Reuse 流动准则。

4.1.1.3 基本控制方程

本三维有限元模型为弹塑性热—力耦合模型，其基本控制方程与前文所描述模型一致，在此不再赘述。

4.1.1.4 热—力学边界条件

A 结晶器铜板热面传热边界条件

钢水在结晶器内的凝固过程中，结晶器冷却水带走的热量与钢水在相应时间内凝固导出的热量相等，这就是此过程的“热平衡”。由此可以确定结晶器平均热流密度为：

$$\bar{\phi}=\frac{Q_{w}\rho_{w}C_{w}\Delta T}{S} \tag{4.1}$$

式中 Q_w，ρ_w，C_w——冷却水的体积流量、密度和比热；

ΔT——进出口水温差；

S——结晶器有效传热面积。

沿结晶器高度变化的瞬时热流密度一般可表示为：

$$\phi=2680-B\sqrt{t},\mathrm{kW/m^2} \tag{4.2}$$

式中 B——常数；

t——时间。

利用式（4.2），结晶器的平均热流密度可表达为：

$$\bar{\phi}=\frac{\int_0^t(2680-B\sqrt{t})\mathrm{d}t}{t} \tag{4.3}$$

将实际进出口水温差和冷却水流量按式（4.1）计算确定平均热流密度，并代入式（4.3），即可计算出常数 B。由此，获得实验浇注条件下宽面铜板和窄面铜板沿结晶器高度方向变化的瞬时热流密度式如下：

$$\phi_w=2680-456\sqrt{t},\ \mathrm{kW/m^2} \tag{4.4}$$

$$\phi_n=2680-462\sqrt{t},\ \mathrm{kW/m^2} \tag{4.5}$$

本模型中宽面铜板所取区域为距结晶器铜板顶部 350～450mm 之间的部分，考虑到拉速为 1.3m/min，则本模型宽面铜板热流可以表示为：

$$\phi_w=2680-456\sqrt{[(0.25+y)/1.3]\times60},\ \mathrm{kW/m^2} \tag{4.6}$$

窄边铜板所取区域为距结晶器铜板顶部 400～500mm 之间的部分，则本模型窄面铜板热流可以表示为：

$$\phi_n = 2680 - 462\sqrt{[(0.3+y)/1.3]\times 60},\ \mathrm{kW/m^2} \tag{4.7}$$

B 结晶器铜板冷面传热边界条件

结晶器铜板冷面的传热条件对流换热系数为 $26952\mathrm{W/m^2 \cdot K}$。

除铜板热面、冷面两个界面外，其他界面可视为绝热边界，即垂直于该面上的热流为0。

C 钢水静压力对结晶器铜板上的作用

钢水静压力由于受到结晶器振动和坯壳自身结构支撑的共同作用，因此，实际上作用到铜板上的力要小于钢水静压力。

钢水静压力通常可以表示为：

$$G = \rho_{steel} g h,\ \mathrm{kPa} \tag{4.8}$$

式中 ρ_{steel}——钢水密度，本模型取 $7200\mathrm{kg/m^3}$；

g——比重，取9.8N/kg；

h——钢水深度。对于宽面铜板而言，钢水深度为0.25~0.35m；而窄面铜板对应的钢水深度为0.3~0.4m。

随着钢水深度的增加，坯壳的厚度也在增加，即坯壳能够承受钢水静压力的能力也在提高，结晶器铜板热面所承受的力可以表示为：

$$G_m = kG,\ \mathrm{kPa} \tag{4.9}$$

式中，k 为比例因子，本三维模型取0.1。

D 结晶器铜板的热—力学参数

结晶器铜板的物理性能和力学性能参数见表4.1。

表4.1 结晶器铜板热—力学性能参数

性 能 参 数	数 据
导热系数	380W/m·K
比热	700J/kg·K
再结晶温度	500℃
弹性模量	128GPa
抗拉强度	410MPa
弹性极限（0.2%）	300MPa
屈服极限（0.1%）	240MPa
热膨胀系数	1.8×10^{-5}/℃

4.1.2 模型计算结果分析

4.1.2.1 结晶器铜板温度场分析

图4.2(a)~(f) 分别为宽面、窄面铜板无热电偶埋设、背面开孔、顶部开孔

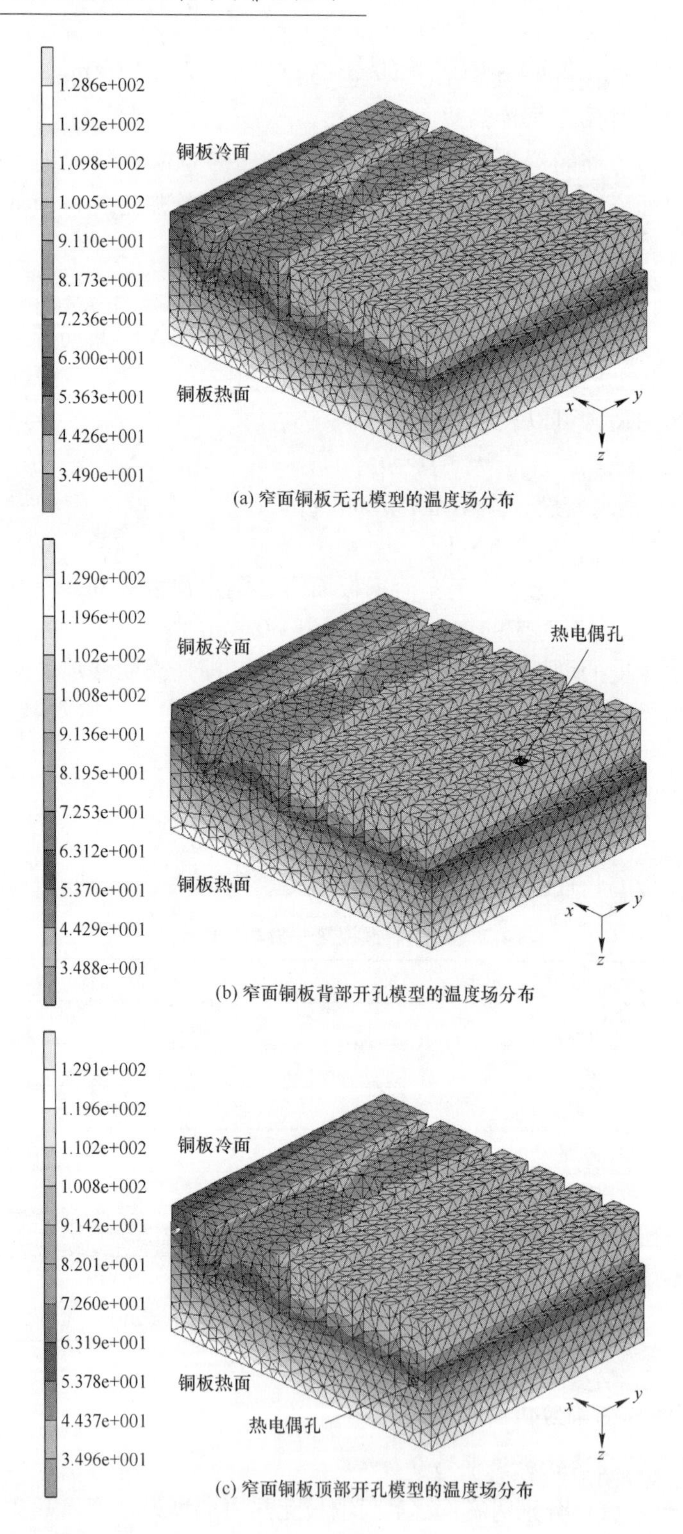

(a) 窄面铜板无孔模型的温度场分布

(b) 窄面铜板背部开孔模型的温度场分布

(c) 窄面铜板顶部开孔模型的温度场分布

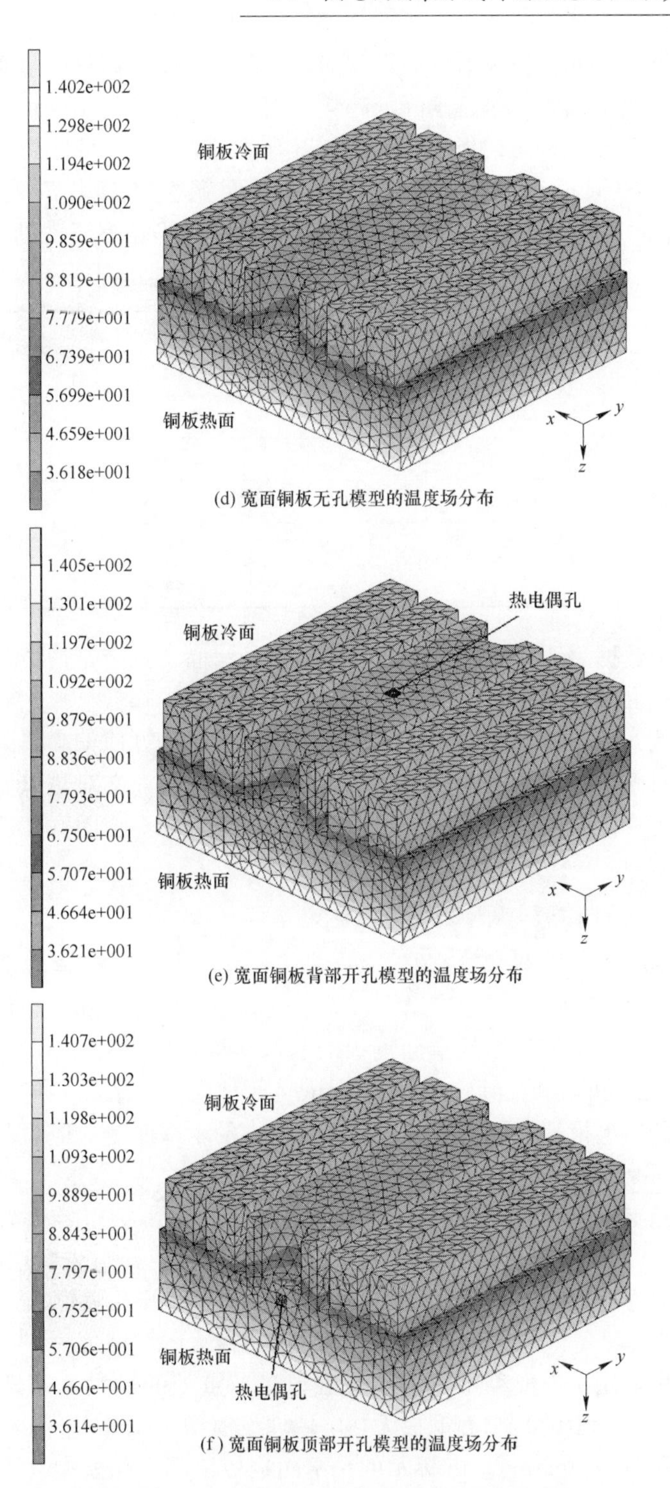

(d) 宽面铜板无孔模型的温度场分布

(e) 宽面铜板背部开孔模型的温度场分布

(f) 宽面铜板顶部开孔模型的温度场分布

图4.2 不同模型计算得到的温度场（单位℃）

等共6个三维有限元分析模型计算得到的温度场。从图中可见，从结晶器铜板热面到结晶器铜板冷面温度呈逐渐降低趋势，铜板固定区域的温度稍高。计算结果中宽面铜板温度高于窄面铜板与计算域位置有关。鉴于热电偶距弯月面距离的差异，模型所取的铜板热面边界条件不同；宽面铜板计算域位置距离弯月面0.25m，而窄面铜板距离弯月面0.3m。其中计算域典型位置温度见表4.2。

表4.2 宽面和窄面铜板典型位置处温度计算值 (℃)

温度		热面最高	冷面最低	水槽底部	热电偶位置节点
宽面铜板	无孔	140	36.2	64.8	88
	背部开孔	140.5	36.2	65	80
	顶部开孔	140.7	36.1	65	81
窄面铜板	无孔	128.6	35.1	64.5	74
	背部开孔	129	34.9	64.4	67
	顶部开孔	129.1	35	64.5	68

表4.2中数据表明，无论是结晶器宽面还是窄面，无论是铜板背部开孔还是铜板顶部开孔，热电偶测温处对应的节点温度均会稍有降低，考虑到实际的结晶器铜板热电偶开孔处基本为密闭环境，实际温度会比计算值偏高，因此可以认为热电偶开孔对整个铜板的温度场影响不大。这一结论为前文对热电偶开孔位置的判断提供了重要依据，即热电偶开孔无论选择何处，均不会因开孔造成铜板温度分布的较大变化。

4.1.2.2 结晶器铜板应力/应变场分析

A 结晶器窄面铜板应力/应变场分析

图4.3（a）~（c）分别是窄面铜板无热电偶埋设、背面开孔和顶部开孔3个三维有限元分析模型计算出的窄面铜板的米塞斯等效应力分布。为了便于分析，3幅图采用了相同的数据标尺。可见，无论是何种模型，结晶器窄面铜板靠近中间的水槽部分、铜板螺栓固定区域根部都是最大的米塞斯等效应力分布区域，其值大约为4000kPa。

不同的热电偶开孔模式对铜板米塞斯等效应力场影响差异很大。相比较而言，图4.3（c）中顶部开孔对铜板所造成的影响不大，其与未开孔的铜板相比，米塞斯等效应力增加幅度很小；而图4.3（b）中背部开孔对铜板造成的影响很大，该区域米塞斯等效应力已成为铜板等效应力最大的区域之一。

图4.4是上述3个模型中热电偶测温位置节点处的最大米塞斯等效应力比较。图中narrow标示的是窄面铜板无热电偶埋设模型，narrow_ ba标示的是窄面铜板背面开孔模型，narrow_ th标示的是窄面铜板顶部开孔模型（下文中出现的该标示与本图相同，故不再赘述）。从图4.4中可以发现背部开孔对结晶器铜板

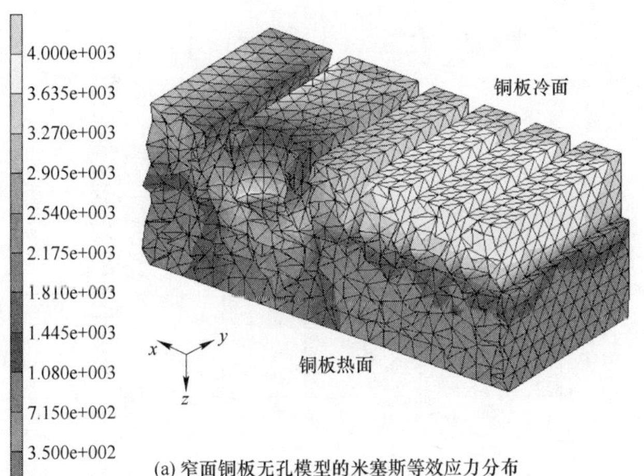

(a) 窄面铜板无孔模型的米塞斯等效应力分布

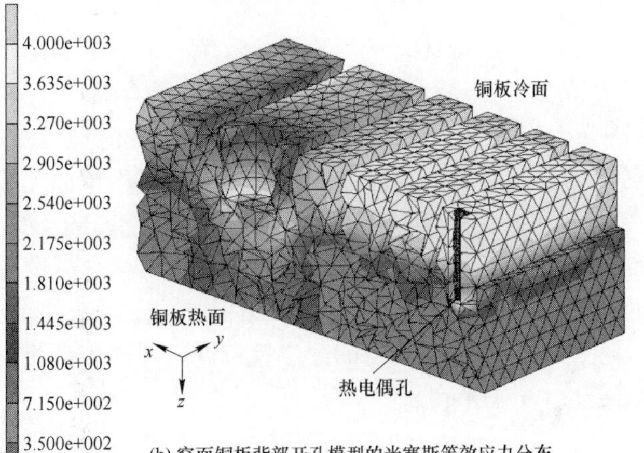

(b) 窄面铜板背部开孔模型的米塞斯等效应力分布

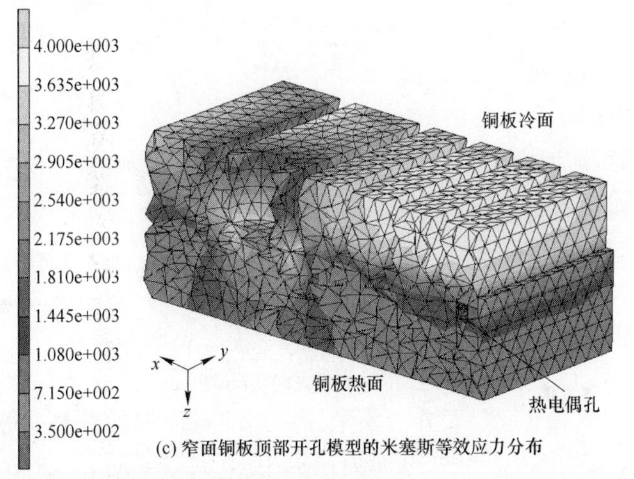

(c) 窄面铜板顶部开孔模型的米塞斯等效应力分布

图 4.3 结晶器窄面铜板的米塞斯等效应力场（单位 kPa）

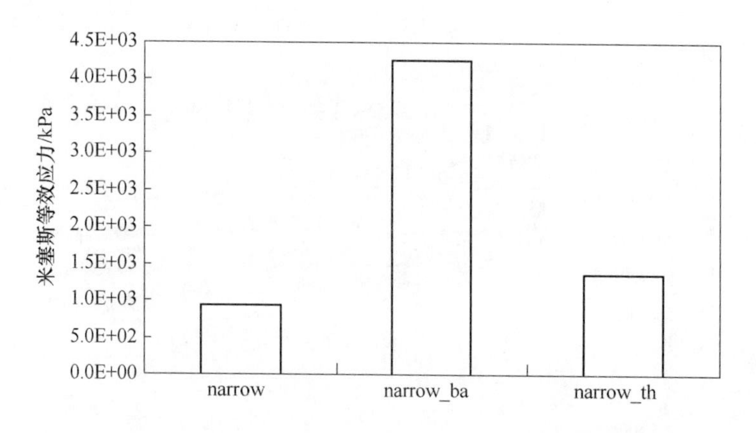

图 4.4 结晶器窄面铜板测温位置节点处的米塞斯等效应力

的影响要远大于顶部开孔，因此，从米塞斯等效应力上看，理论上结晶器窄面铜板热电偶的开孔方式应选择顶部开孔模式。

图 4.5（a）~（c）是上述 3 个模型的等效应变场分布。从图中可以发现等效应变与米塞斯等效应力所得到结果的分布特征一致。对于窄面无孔模型而言，其最大的等效应变出现在靠近窄面铜板中间的水槽区域，如图 4.5（a）所示；顶部开孔模型的结果与无孔模型类似，其开槽方式使得开槽区域的等效应变有所增加，但增加幅度有限，如图 4.5（c）所示；开孔方式对窄面铜板等效应变场影响最大的是在铜板背部开孔，这使得测温位置节点区域成为铜板的又一个高等效应变区域，如图 4.5（b）所示。

等效应变较大一方面会影响结晶器铜板的使用寿命，另一方面，测温位置节点作为热电偶与铜板的连接点，其本身也是整个系统最为脆弱的环节。焊接区域较大的等效应变会增加连接点的断裂倾向，使得热电偶测温出现偏差，进而降低漏钢预报系统的可靠性。

图 4.6 是上述 3 个模型中热电偶测温位置节点处的最大等效应变比较。从图中可以发现，背部开孔对结晶器铜板的影响要明显大于顶部开孔。因此，从等效应变上看，理论上结晶器铜板热电偶的开孔方式应选择顶部开孔模式。

B 结晶器宽面铜板应力/应变场分析

宽面模型与窄边相比距弯月面的距离不同，因此，结晶器宽面铜板的应力、应变分布较之上述窄面铜板模型会有所差异，但整体分布特征一致。

图 4.7（a）~（c）分别是宽面铜板无热电偶埋设、宽面铜板背面开孔、宽面铜板顶部开孔 3 个三维有限元分析模型计算出的宽面铜板米塞斯等效应力分布，为了便于分析，3 幅图也采用了与窄面铜板相同的数据标尺。从图 4.7 中可以发现，无论是何种模型，结晶器宽面铜板在螺栓固定区域两侧的水槽部分是最大米

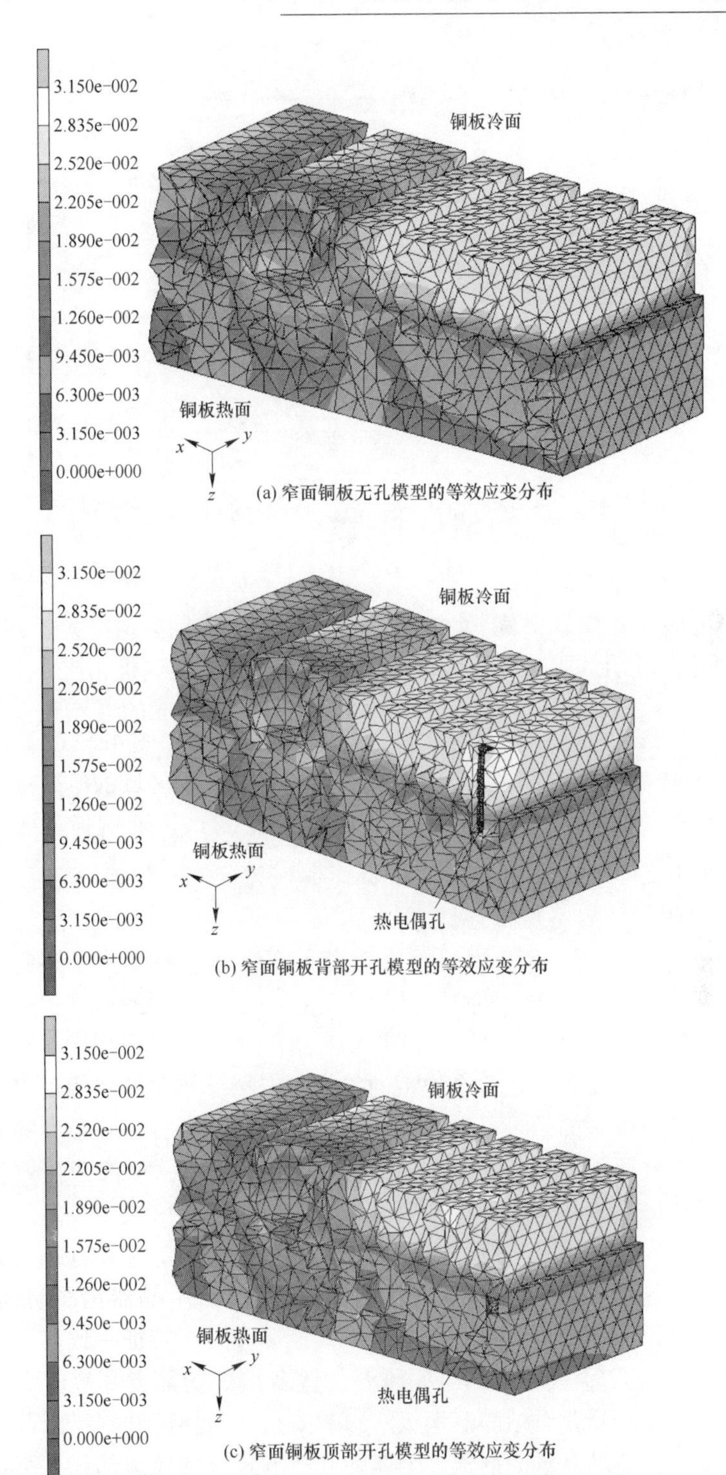

(a) 窄面铜板无孔模型的等效应变分布

(b) 窄面铜板背部开孔模型的等效应变分布

(c) 窄面铜板顶部开孔模型的等效应变分布

图 4.5 结晶器窄面铜板的等效应变场（单位 100%）

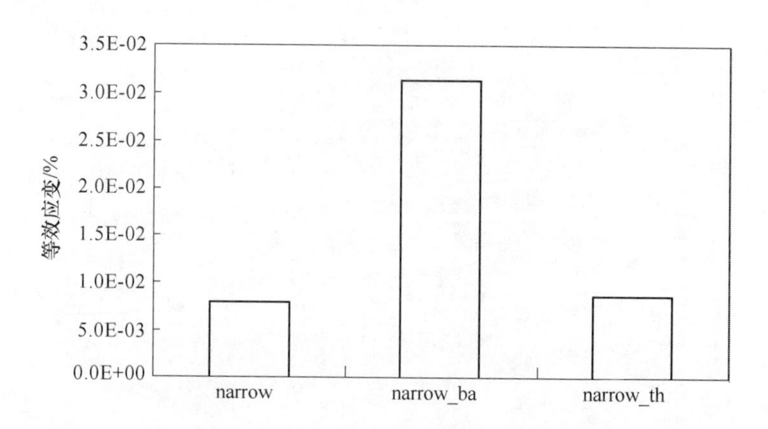

图 4.6 结晶器窄面铜板测温位置节点处的等效应变

塞斯等效应力分布区域。

不同热电偶开孔模式对铜板米塞斯等效应力场影响差异很大。其中图 4.7（c）中顶部开孔对铜板所造成的影响不大，其与未开孔的铜板相比，米塞斯等效应力增加幅度很小；而图 4.7（b）中背部开孔对铜板造成的影响很大，该区域米塞斯等效应力已成为铜板等效应力最大的区域之一。

图 4.8 是上述 3 个模型中热电偶测温位置节点处的最大米塞斯等效应力比较。图中 wide 标示的是宽面铜板无热电偶埋设模型，wide_ ba 标示的是宽面铜板背面开孔模型，wide_ th 标示的是宽面铜板顶部开孔模型（下文中出现的该标示与本图相同，故不再赘述）。从图 4.8 中可以发现背部开孔对结晶器铜板的影响要远大于顶部开孔，因此，从米塞斯等效应力上看，理论上结晶器铜板热电偶的开孔方式应选择顶部开孔模式，这与结晶器窄面铜板分析得到的结果一致。

图 4.9（a）~（c）是上述 3 个模型的等效应变场分布。从图中可以发现，与米塞斯等效应力所得到的结果一致，对于宽面无孔模型而言，其最大等效应变出现在铜板固定部分两侧的水槽区域，如图 4.9（a）所示；顶部开孔模型的结果与无孔模型类似，其开孔方式使得开槽区域的等效应变有所增加，但增加的幅度有限，如图 4.9（c）所示；开孔方式对窄面铜板等效应变场影响最大的是在铜板的背部开孔，这使得测温位置节点区域成为铜板的又一个高等效应变区域，如图 4.9（b）所示。

图 4.10 是上述 3 个模型中热电偶测温位置节点处的最大等效应变比较。从图中可以发现，背部开孔对结晶器铜板的影响要远大于顶部开孔，因此，从等效应变上看，理论上结晶器宽面铜板热电偶的开孔方式应选择顶部开孔模式，这与对窄边铜板分析的结果一致。

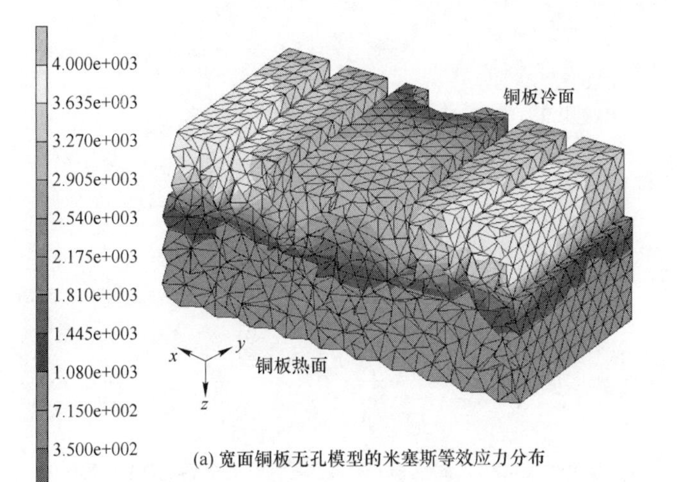

(a) 宽面铜板无孔模型的米塞斯等效应力分布

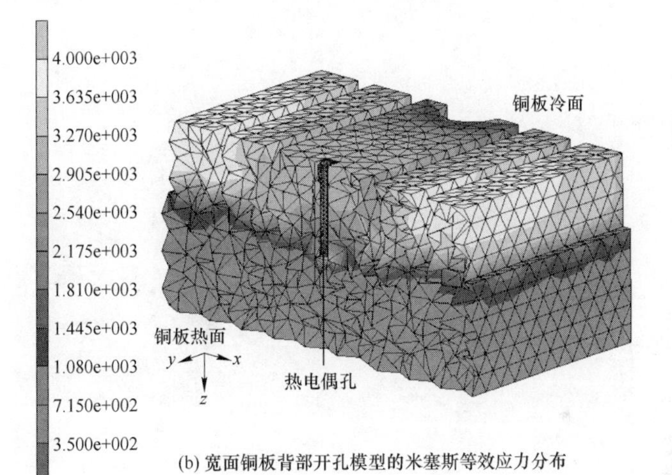

(b) 宽面铜板背部开孔模型的米塞斯等效应力分布

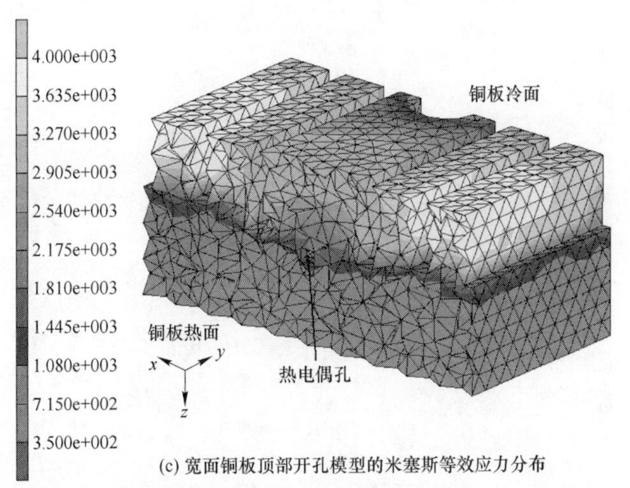

(c) 宽面铜板顶部开孔模型的米塞斯等效应力分布

图 4.7 结晶器宽面铜板的米塞斯等效应力场（单位 kPa）

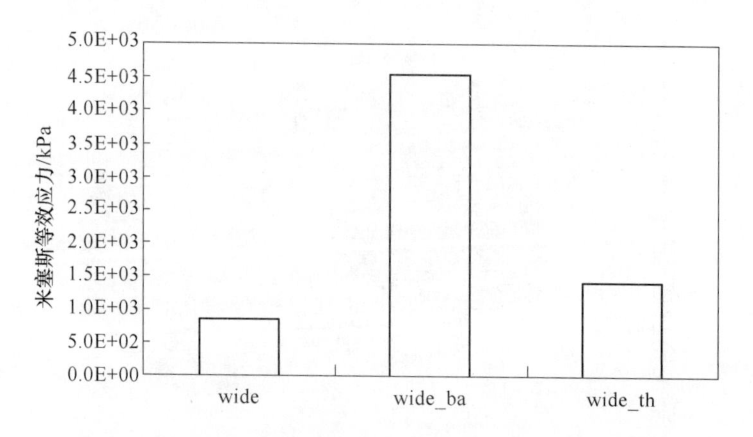

图 4.8 结晶器宽面铜板测温位置节点处的米塞斯等效应力

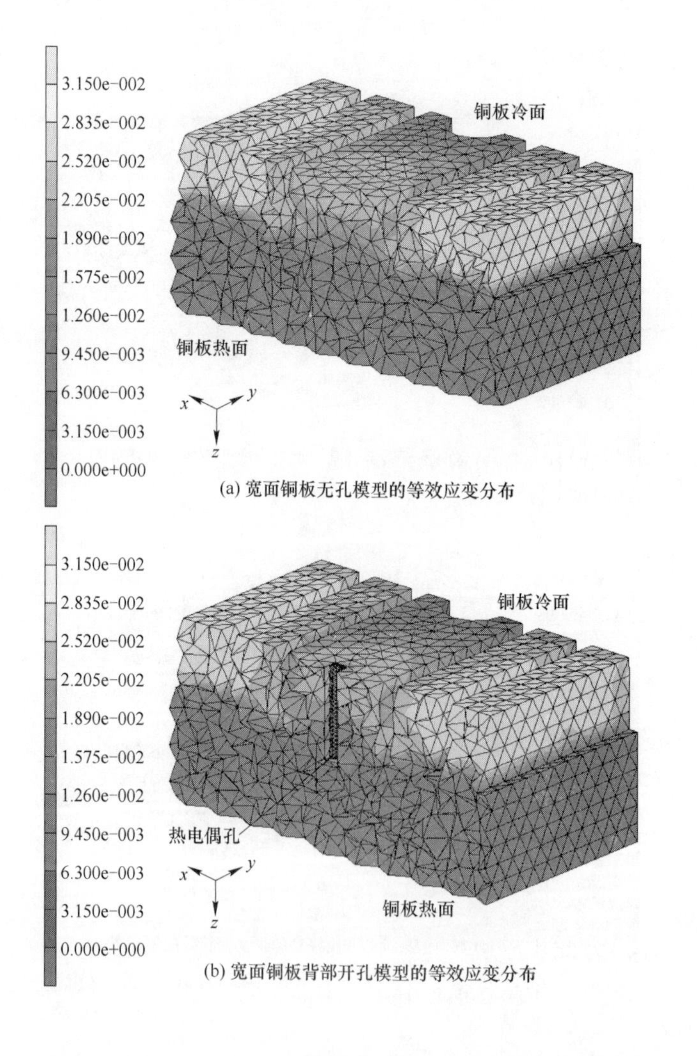

(a) 宽面铜板无孔模型的等效应变分布

(b) 宽面铜板背部开孔模型的等效应变分布

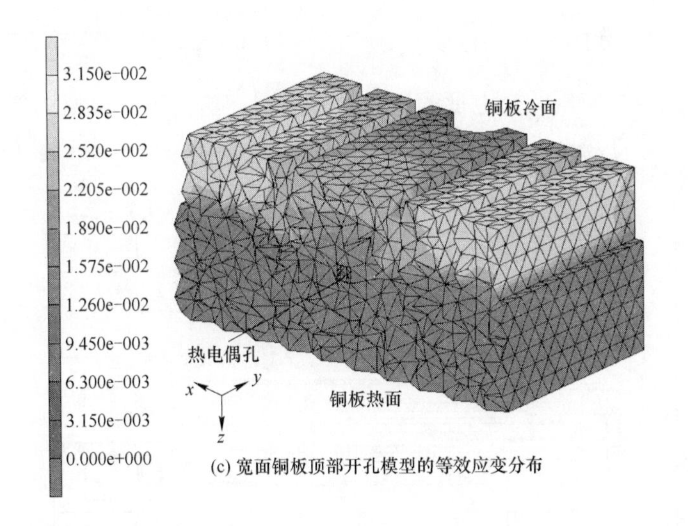

(c) 宽面铜板顶部开孔模型的等效应变分布

图 4.9 结晶器宽面铜板的等效应变场（单位 100%）

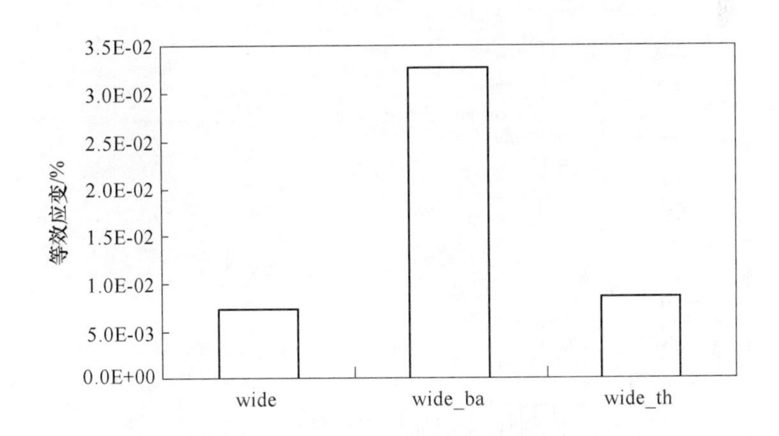

图 4.10 结晶器宽面铜板测温位置节点处的等效应变

综上可知，从铜板应力应变状态来看，结晶器铜板测温热电偶顶部开孔方式要明显优于铜板背部开孔方式，其对铜板应力应变场的影响基本可以忽略。因此，从铜板热状态及其测温效果来看，结晶器铜板顶部开孔埋设热电偶的方式是比较合理的，但其实际可操作性还要取决于加工技术的进步。

4.2 热电偶的安装与检测

热电偶的选择、安装以及性能测试是漏钢预报系统能够获得准确的热电偶测温信号的基础，为此本节将从这三方面入手为漏钢预报系统的开发做好基础工作。

4.2.1　热电偶的选择

漏钢预报通常使用的热电偶为嵌入式热电偶，这其中又包括内置式热电偶和冒式热电偶，两种热电偶的外形及安装方式分别如图 4.11（a）和（b）所示。

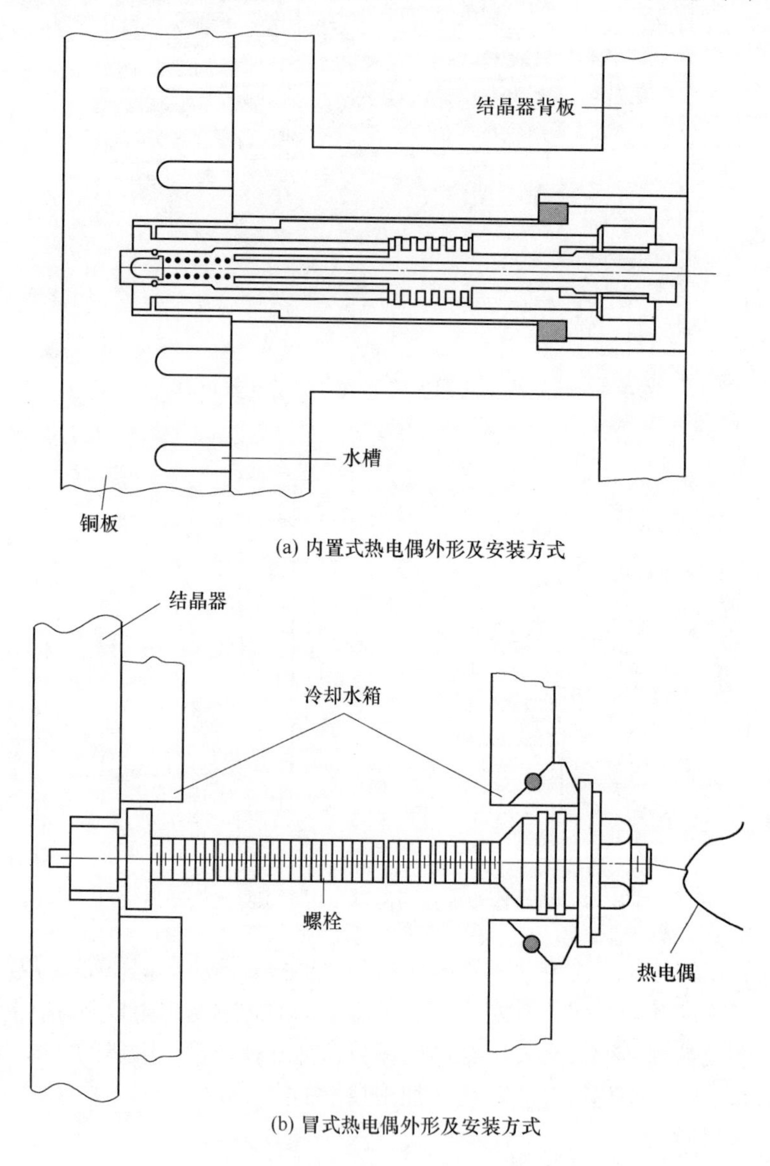

(a) 内置式热电偶外形及安装方式

(b) 冒式热电偶外形及安装方式

图 4.11　两种热电偶的外形及安装方式

由于冒式热电偶更适合在铜板背面垂直开孔这种方式的测温，因此 Bethlehem、Sollac、Kawasaki 和 British 等钢铁公司均选择了该式热电偶。基于国外同行的经验，本节拟选用冒式热电偶。

热电偶材质是热电偶测温最重要的影响因素，不同材质的热电偶仅在某一特定温度区间能够测得最为精确的测温值，而这主要与其材质的热特性有关。针对前文所分析得到的结晶器铜板测温区的温度高低，本书拟采用铜—康铜热电偶，该热电偶的基本化学成分、物理性能见表 4.3。

表 4.3 铜—康铜热电偶基本化学成分与物理性能

热电偶名称		铜—康铜	
分度号		T	
极性		正	负
热电极材料	识别	红色	银白色
	化学成分	$w(Cu)=100\%$	$w(Cu)=55\%$；$w(Ni)=45\%$
最高使用温度/℃	长期	350	
	短期	400	
温度范围/℃		-200 ~ 400	
100℃时电势值/mV		4.277	
平均电阻温度系数/10^{-3}·℃$^{-1}$		4.3	0.05
20℃时电阻率 $\Omega/(mm^2 \cdot m)^{-1}$		0.017	0.49
熔点/℃		1084.62	1222
20℃时密度/g·cm^{-3}		8.9	8.8
抗拉强度/N·mm^{-2}		≥245	≥390

从表 4.3 中可知铜—康铜热电偶适用范围和性能特点，分度号：T 型；测温范围：-200 ~ 400℃。这种热电偶的特点是热电性能好，电势与温度关系近似线性，而且热电势值大、灵敏度高、复现性好，是一种准确度高的廉金属热电偶。在 0 ~ -100℃范围内，可作为二等标准热电偶使用。铜—康铜热电偶可以在还原性、氧化性、惰性气氛及真空中使用。此外，铜易氧化，故使用温度不得超过 350℃，而且铜的导热系数高，低温测量时容易产生测量误差。

由于结晶器铜板工作环境恶劣，为保证热电偶正常工作，需要为上述热电偶配置保护管。保护套管的种类很多，并且随着材质的不同，其熔点及使用温度也不同，表 4.4 是常见的保护套管的种类和使用温度。通过分析，本节拟采用不锈钢保护套管 1Cr18Ni9Ti，该保护套管优点是：机械强度高，导热性能好；虽耐热性稍差，但完全满足实际的生产需要。

表 4.4 保护套管的种类和使用温度

材料名称		熔点/℃	使用温度/℃
金属保护套管	铜	1048	350
	铜合金（青铜、黄铜）	1012	370
	高铬铸铁（28Cr）	1484	1100
	低碳钢（20号）	—	600
	不锈钢（1Cr18Ni9Ti）	1400	900
	高温钢（Cr2STi）	—	1000
	镍铬合金	1401	1200
	铂	1769	1650
	铂铑 10 合金	1847	1700
	铱	2447	2100
	钼	2615	1850
	钽	3002	2770
非金属保护套管	石英［$w(SiO_2)=99\%$］	1705	1100
	高温陶瓷	1800	1300
	高纯氧化铝（刚玉管）	2050	1700
	氧化镁	2800	2400
	氧化铍	2530	2400
	氧化钍	3300	2700
	氧化锆	2600	2400
	碳化硅	2300	1700

4.2.2 热电偶的安装

热电偶的安装必须要保证热电偶能够准确地获得所测结晶器铜板区域的温度信号。弹簧式和螺口式等接触式热电偶均很难保证其与铜板的绝对接触，因此，只能通过焊接将热电偶焊在测温槽内。Bethlehem 钢铁公司的做法是将铜—康铜热电偶被装在垂直钻在铜板上的直径为 2mm 的孔洞里，热接触点是用高温导热的环氧树脂焊接在相应的位置上的。

本漏钢预报系统共设置 32 支热电偶，热电偶在铜板上的分布如图 4.12 所示。宽面 2 排，每排 7 个，窄面 2 排，每排 1 个，环结晶器安装如图 4.13 所示。第一排距离铜板上口 200mm，环结晶器共 16 个。宽面铜板第二排热电偶距离铜板上口 400mm，窄面铜板第二排热电偶距离铜板上口 450mm，每排 16 个。热电偶的焊接深度选择为距结晶器铜板冷面 22mm 处的位置，针对前文所建立的铜板

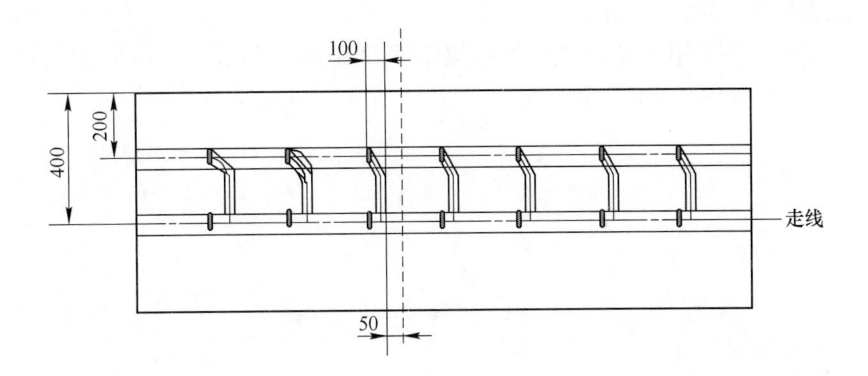

图4.12 热电偶在铜板上的位置（mm）

模型，宽面的7支热电偶分别布置在第3、5、7、9、10、12、14处7个螺栓固定区域的相应位置。测温热电偶的走线位置距结晶器铜板上口400mm，如图4.12所示。

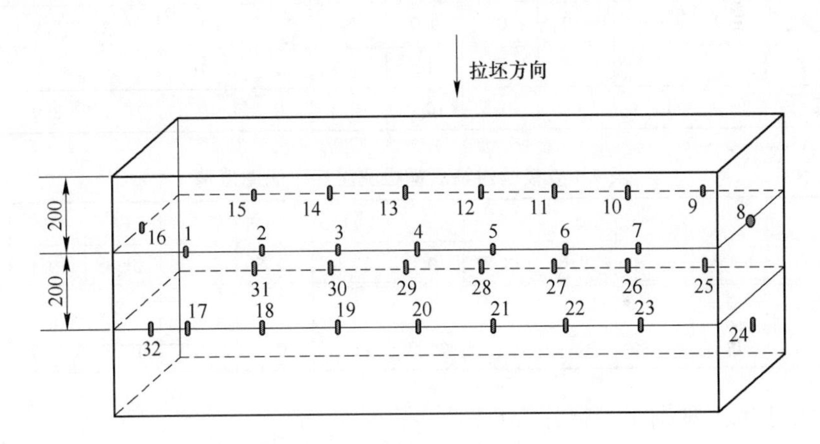

图4.13 结晶器热电偶布置示意图（mm）

4.2.3 热电偶测温可靠性检测

保证每个热电偶工作状态良好是漏钢预报系统做出正确判断的前提，特别是在浇注之前热电偶就发生损坏。因此，在热电偶安装完毕后必须对热电偶进行测试，以避免因安装或线路布置等问题引起的热电偶测温信号的偏差。

周卫华等人总结了一套热电偶工作状态的测试方法。该方法是：对每个热电偶进行编号，将每个热电偶在室温下的显示温度记录下来，分别记为T_1、T_2、…，T_{22}，做实验参考数据。再把每个热电偶在铜板热面上的相应位置标出，然后用调节至中性焰的气焊焊炬，对铜板上的每个标记点进行烘烤，时间15s左右，记录下各热电偶显示的温度，分别记为 T'_1、T'_2、…、T'_{22}。为了减少各点的影响，烘烤顺序采用对角方式，这样既取最大距离的相邻点，也不会漏掉测试点，烘烤顺序如图 4.14 所示。

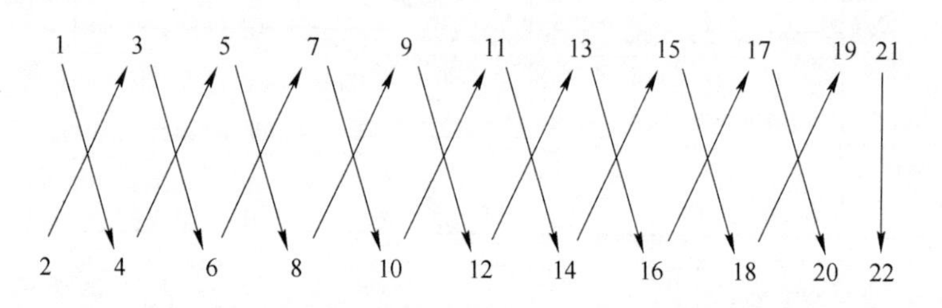

图 4.14 烘烤测试点的顺序示意图

通过上述实验，其结果记录见表 4.5 和表 4.6。

表 4.5 室温下铜板测温热电偶温度值

测试点	1	3	5	7	9	11	13	15	17	19	21
温度/℃	9.9	9.9	9.9	10	9.9	10	10.1	10	10.2	9.9	9.9
测试点	2	4	6	8	10	12	14	16	18	20	22
温度/℃	10.1	10.3	10.2	10.5	10.2	10.5	10.2	10.3	10.1	8.9	10

表 4.6 校验烘烤后铜板测温热电偶温度值

测试点	1	3	5	7	9	11	13	15	17	19	21
温度/℃	19.5	18.8	19.6	18.7	19.5	18.9	21.5	19.2	21.4	19.1	19.2
测试点	2	4	6	8	10	12	14	16	18	20	22
温度/℃	19.1	19.8	20.3	21.5	21.2	21.5	19.3	19.9	19.3	21.7	18.9

对以上的测试结果进行分析：

$$\Delta T = T_{\max} - T_{\min} = 0 \sim 1.6℃$$

$$\Delta T' = T'_{\max} - T'_{\min} = 0 \sim 3.0℃$$

此处出现的温差为人工操作误差，按照经验值（$\Delta T \leqslant 3.0$℃）是在合理的范围内。

根据以上方法可以制定出相应的适合本系统 32 支热电偶的检测方法，以及时排除使用前热电偶的可能故障。

参 考 文 献

[1] Sun Ligen, Zhang Jiaquan. Three dimensional thermo-mechanical model of different thermocouple

embedded modes analysis [J]. Advanced Materials Research, 2011, 291-294: 263-268.

[2] 李景, 孙立根, 崔立新, 等. 铜板材质与厚度对结晶器传热的影响 [J]. 北京: 面向未来的仿真科学与技术青年学术论坛, 2007.

[3] L. Anand. Constitutive equations for rate dependent deformation of metals at elevated temperatures [J]. Transactions of ASME, Journal of Engineering Materials and Technology, 1982, 104: 12-17.

[4] K. Ives. Mold and oscillator instrumentation systems [R]. Decatur, Ala.: Report to AISI Technical Committee on Strand Casting, 1998.

[5] 姚曼. 连铸结晶器摩擦力预报漏钢可行性研究 [C]. 中国金属学会炼钢专业委员会编. 第十二届全国炼钢学术会议论文集. 上海: 中国金属学会炼钢专业委员会, 2002: 571-576.

[6] H. L. Gilles, M. Byrne, T. J. Russo, et al. The use of an instrumented mold in the development of high-speed slab casting [C]. 9th PTD Conf. Proc, 1990: 123-138.

[7] C. Babcock, J. Wilson. Temperature sensing device [P]. U. S.: 3797310, 1974-3-19.

[8] S. Itoyama, K. Tada, T. Telashima, et al. Process of and apparatus for continuous casting with detection of possibility of breakout [P]. U. S.: 4949777, 1990-8-21.

[9] P. Bardet, A. Leclercq, M. Mangin, et al. Control of continuous slab casting at sollac [J]. Revue de Metallurgie—CIT, 1983: 303-312.

[10] 周卫华, 吕纪武, 矫宇臣, 结晶器热电偶的合理埋设及测试 [J]. 冶金设备, 2005, 1 (149): 64-66.

[11] 胡志刚, 毕学工, 陈崇峰, 等. BP 网络在漏钢模式识别中的应用研究 [J]. 武汉科技大学学报 (自然科学版), 2000, 2 (23): 121-124.

[12] 刘晓霞, 刘佩忠, 周筠清. 板坯连铸黏结性漏钢过程模拟及预报 [J]. 北京科技大学学报, 1997, 4 (19): 143-146.

[13] 秦旭, 陈智勇, 周豪鸣, 等. 结晶器漏钢预报系统的原理分析 [J]. 冶金设备, 2004, 10 (147): 65-67.

[14] 张月萍. 连铸的黏结性漏钢机预报 [J]. 宝钢技术, 1992, 4: 17-25.

[15] 汪洪峰, 冷祥贵. 漏钢预报技术在梅钢连铸生产中的应用 [J]. 炼钢, 2008, 4 (24): 4-7.

5　基于逻辑判断的漏钢预报模型开发与实践

现有漏钢预报技术均基于结晶器铜板热状态的在线监测，其模式识别与判定方式有基于逻辑运算和基于人工神经网络之分。虽然人工智能在反应速度和模式识别上有一定的优势，但由于我国在该领域研究还存在欠缺并且相应的数据也不够全面，这就使得因训练数据缺乏代表性而导致人工智能系统尚达不到预期的应用效果。此外，由于生产条件差异，在某台铸机上运行良好的漏钢预报系统在其他铸机上会产生很多问题，系统缺乏可移植性。因此，开发有针对性的基于逻辑运算的漏钢预报系统成为解决当前问题的最佳路径，且可以为将来漏钢预报系统向人工智能方向的升级提供必要的数据积累。

5.1　漏钢预报模型的发展与依据分析

5.1.1　模型预报机理

在规范操作的前提下，生产中发生的漏钢行为大多数为黏结漏钢。而各种形式的漏钢在热电偶测温时也都会有相应的温度变化，特别是热点经过热电偶测温区时，温度信号会有显著的上升。由于黏结漏钢是漏钢产生的最主要形式，因此大多数冶金专家主要对黏结漏钢预报模型进行了研究。

黏结漏钢的发生过程如图 5.1 所示，图中：

（1）粘在结晶器铜板上的坯壳（A）与向下拉的坯壳（B）被撕开一条缝。

（2）紧接着钢水流入坯壳（A）和（B）之间的裂缝并形成新的坯壳（C），这时坯壳外表面形成皱纹状痕迹（D）。

（3）由于结晶器振动，新形成的薄坯壳再次被拉撕，然后再次形成薄坯壳。

（4）随着每次振动，重复（2）和（3）的过程，同时被拉断的部位因拉坯而向下运动。

（5）当被拉断的部位拉出结晶器下口时就发生漏钢。

由于结晶器是按某一频率，某一规律上下振动，发生黏结的坯壳始终向下运动，而发生黏结的坯壳不断地被撕裂和重新愈合，所以黏结漏钢处坯壳薄厚不均，振痕紊乱有明显的“V”形缺口，如图 5.2 所示。随着不断被撕开及愈合的“V”形缺口下移，坯壳在热电偶上方发生撕裂，撕裂部位靠近热电偶时测出温

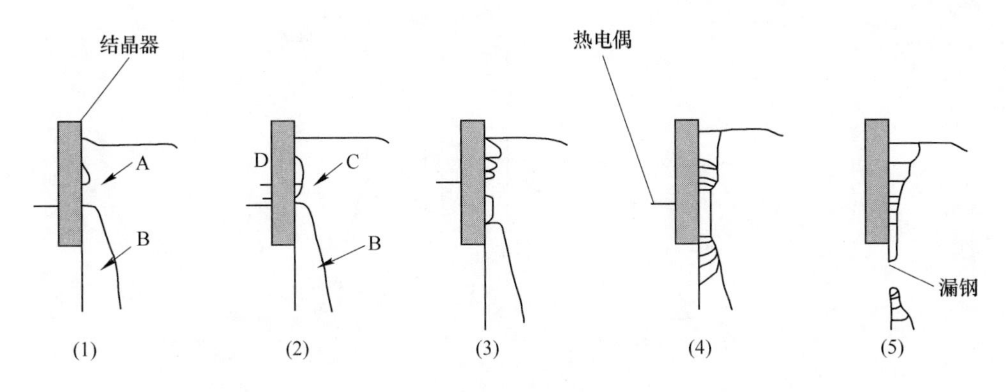

图 5.1 黏结漏钢检测机理

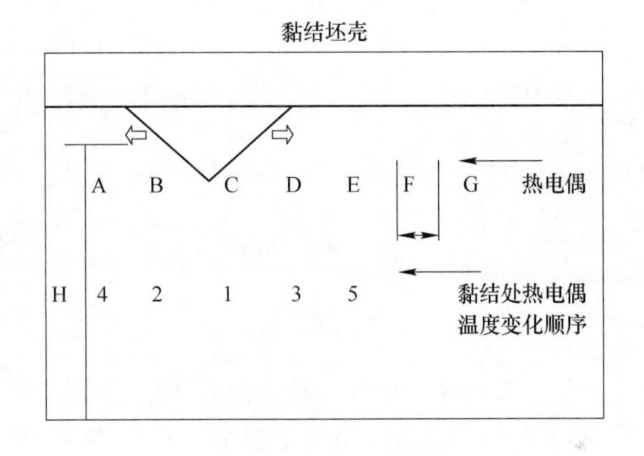

图 5.2 黏结预报依据

度升高。当撕裂部位通过热电偶所在位置时温度达到峰值，然后随着撕裂部位离开热电偶，温度逐渐降低。黏结漏钢预报系统原理为：根据上述特征，在结晶器铜板上安装一排热电偶，并将所测温度和有关工艺数据输入预报系统，即可对黏结漏钢发出预报。黏结预报过程如图 5.3 所示。

在结晶器上水平方向安装一定数量的热电偶（图 5.2 中 A ~ G）。假如黏结（及撕裂）发生在热电偶 B、C 之间并且靠近 C，坯壳撕裂部分的边缘通过热电偶的顺序依次为 C→B→D→A，即会发现如图 5.3 所示的温度变化，且该温度变化必须满足如图 5.4 所示的条件。另外到相邻最近的热电偶发生温度变化的时间（图 5.3 中的 t_2）也是一个重要因素。

在黏结漏钢预报系统中发生黏结漏钢必须满足 3 个基本条件：

（1）$\theta \geqslant \theta_{cr}$；$t_1 \geqslant t_{cr}$（$\theta$ 表示温度变化率）。

（2）发生温度变化的顺序应为从左到右再到左或从右到左再到右交替发生。

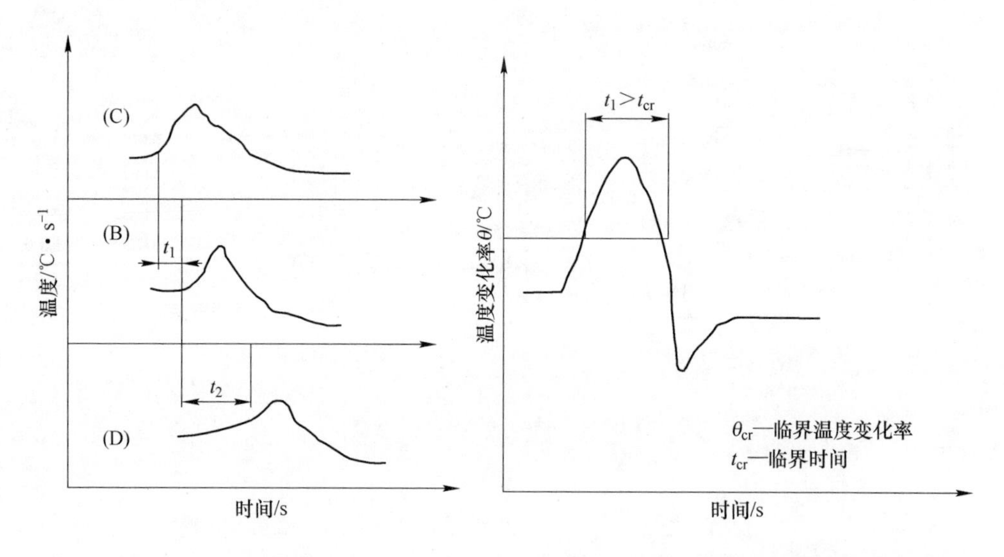

图 5.3 黏结漏钢处热电偶温度变化　　图 5.4 漏钢预报极限时间及极限温度变化率

(3) 在热电偶正常工作的条件下，到相邻最近热电偶发生温度变化的时间 $t_2 = \dfrac{l_0 - 2l}{0.7V_{拉速} \cdot \cot\alpha}$ 或 $\dfrac{2l}{0.7V_{拉速} \cdot \cot\alpha}$（$l$ 为变量，且 $0 < l < \dfrac{l_0}{2}$）交替变化，t_2 的区间为 $0 < t_2 < \dfrac{l_0}{0.7V_{拉速} \cdot \cot\alpha}$，其中 l_0 为相邻热电偶间的距离；α 为"V"形缺口与水平方向夹角。水平方向热传导速度为拉速的 0.7 倍。

黏结漏钢预报后保证坯壳拉出结晶器下口后不产生漏钢的必要条件：如图 5.2 所示，若坯壳发生黏结位置靠近 C 点，且距 C 点距离为 $l\left(l < \dfrac{l_0}{2}\right)$，结晶器拉漏预报在实际运用中必须考虑在靠近黏结点附近的 4 个热电偶中某一点钝感或浸水，如图 5.2 中 A、B、C、D 点，可以证明若 D 点钝感或浸水，铸坯拉出结晶器下口后保证不漏钢，其余 A、B、C 3 点若钝感或浸水，铸坯拉出结晶器下口后一定不能漏钢。黏结漏钢预报后 PLC 自动控制铸机匀速降至 0.3m/min，在该拉速下坯壳在结晶器内至少移动 120mm 才可将撕裂的"V"形缺口愈合，该板坯拉出结晶器后才能不漏钢。则 l_0 与 h 的关系应满足：

$$h = (3l_0 - l) \cdot \tan\alpha + s \quad 当\ l \to 0\ 时，h = 3l_0\tan\alpha + s$$

式中，h 为坯壳发生黏结降速至坯壳完全愈合后移动的距离。

$$s = \frac{(V_1 + V_2)t}{2 \times 60}，则\ h = 3l_0\tan\alpha + \frac{(V_1 + V_2)t}{2 \times 60}$$

对于低速铸机，$V_1 = 1.65\text{m/min}$，$V_2 = 0.3\text{m/min}$，$t = 7\text{s}$，$\alpha = 20° \sim 45°$，黏结漏钢预报后保证坯壳拉出结晶器后不漏钢，H 为热电偶距结晶器铜板下口的距

离，必须满足：$H-h>120\text{mm}$，则 $H>3l_0+233.75\text{mm}$。

根据黏结漏钢的预报机理，已开发的漏钢预报模型大体可分为两类：通过逻辑运算判断漏钢或依靠神经网络模型进行漏钢的模式识别。

5.1.2　逻辑预报模型

对于逻辑判断模型而言，主要是逻辑的检查算式。这些算式包括温度偏差检查算式、温度变化速度检查算式、各层热电偶温度变化延迟检查算式、温度下降检查算式以及温度接近检查算式等。

5.1.2.1　温度偏差检查算式

温度偏差检查运算如图5.5所示，以现在时刻之前两个采样周期，将包括这一起点（移动平均运算中断点）在内的过去的5个数据做移动平均计算，得到温度平均值 A。设现在时刻的温度数据为 T，则 T 与 A 的偏差值 $HENSA$ 为：

$$HENSA=T-A \tag{5.1}$$

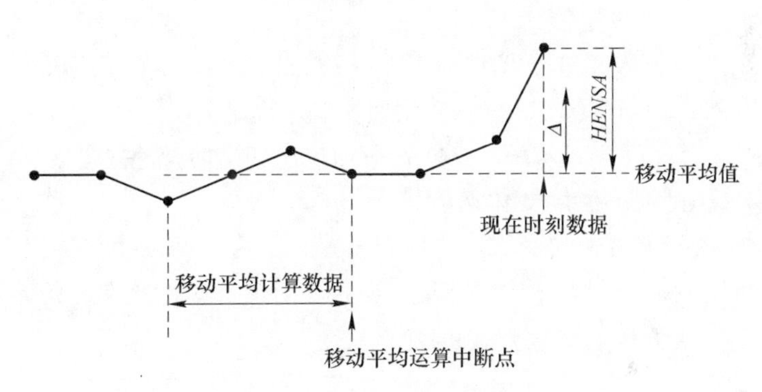

图5.5　温度偏差检查算式

偏差检查用设定值 Δ，令：

$$\Delta=[CHIK(1,1)\times HVC+CHIK(1,2)+CHIK\cdot VCRYOCHI] \tag{5.2}$$

式中　$CHIK(1,1)$，$CHIK(1,2)$——偏差检查设定值；

HVC——拉速的移动平均值；

$CHIK$——拉速变动时的设定值补正系数；

$VCRYOCHI$——现在时刻的拉速和移动平均中断时的拉速差。

当 $HENSA>\Delta$ 时，则温度偏差为异常。

对于表面报警类型中的温度偏差检查算式，因为 $HENSA<0$，且参数 $CHIK(1,1)$、$CHIK(1,2)$ 为负值，所以当 $HENSA<\Delta$，视为表面报警温度偏差运算异常。

5.1.2.2　温度变化速度检查算式

温度变化速度检查运算如图5.6所示，将移动平均运算已中断时刻 T_4 作为起点，则到现在时刻［*TIME*］为止这段时间里的温度变化速度 V 为：

$$V=[(SCN-SCN^{*})/(TIME-T_{4})] \tag{5.3}$$

式中 SCN——现在时刻温度值；

SCN^{*}——移动平均中断时刻温度值。

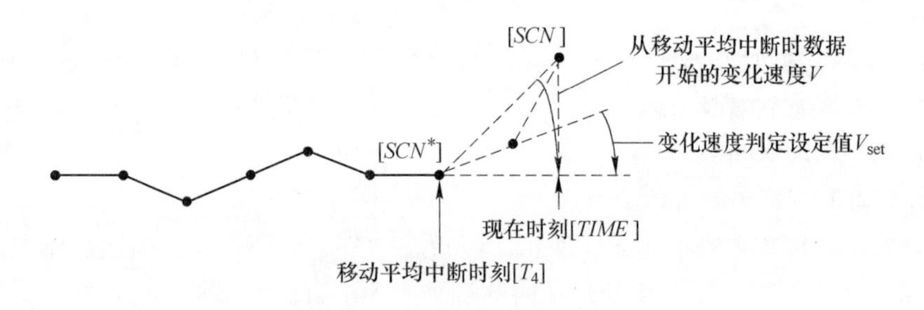

图 5.6 温度变化速度检查运算

变化速度检查用设定值为 V_{set}，令：

$$V_{set}=[CHIK(2,1)\cdot HVC+CHIK(2,2)+CHIK\cdot VCSPEDCH] \tag{5.4}$$

式中 $CHIK(2,1)$，$CHIK(2,2)$——变化速度检查设定值；

$VCSPEDCH$——T_4 处平均拉速和当前拉速之差。

若 $V>V_{set}$，则视为温度变化速度异常。

对于表面报警类型中的变化速度检查算式，因为 $V<0$，且参数 $CHIK(2,1)$、$CHIK(2,2)$ 为负值，所以当 $V<V_{set}$时，视为表面报警变化速度运算异常。

5.1.2.3 各层热电偶温度变化延迟检查

在对上排热电偶进行温度偏差检查、变化速度检查后发现异常，即发出漏钢轻报警，同时进行延时计数，此时根据热电偶组合方式，在扩散速度范围内对铸造方向和宽度方向的同组其他热电偶进行温度偏差与变化速度检查（逻辑运算如上），延时计数时间由断口扩散温度传递速度模型参数决定。

断口的纵向扩散速度可以由实测的温度传递情况计算：

$$V_y=D_y/\Delta T_1 \tag{5.5}$$

式中 V_y——断口纵向扩散速度；

D_y——上下排热电偶之间的距离；

ΔT_1——断口通过上下排同组热电偶之间的时间。

一般认为断口总是在新生坯壳的中间位置，纵向扩散速度为拉速的一半。实际生产过程中存在一定的差异。断口的纵向扩散速度 $V_y=\alpha V_c$（α 一般取经验值 0.55～0.90），横向扩散速度：

$$V_x=D_x/\Delta T_2 \tag{5.6}$$

式中 V_x——断口横向扩散速度；

D_x——同排热电偶之间的距离；

ΔT_2——断口通过相邻热电偶之间的时间。

为避免由于裂口传播速度过快或过慢而使模型产生漏报，现有模型设定纵向扩散速度 $V_y=(0.50\sim0.90)V_c$，坯壳破裂线与水平线夹角 θ 设为 $30°\sim50°$，延时计数时间范围由参数 D_x、D_y、α、θ 计算决定。

5.1.2.4 温度下降检查算式

当裂口扩散范围内热电偶温度变化延迟检查发现异常时，对最初发生温度异常现象的上部热电偶进行下降检查。由算式检测上部热电偶在连续若干周期温度上升后的温度下降情况。温度下降检查运算如图 5.7 所示，设现在时刻的温度数据为 T，偏差检查异常时刻温度为 $TABNO$，则 $TABNO$ 和 T 之偏差值 $HENSB$ 为：

$$HENSB = TABNO - T \tag{5.7}$$

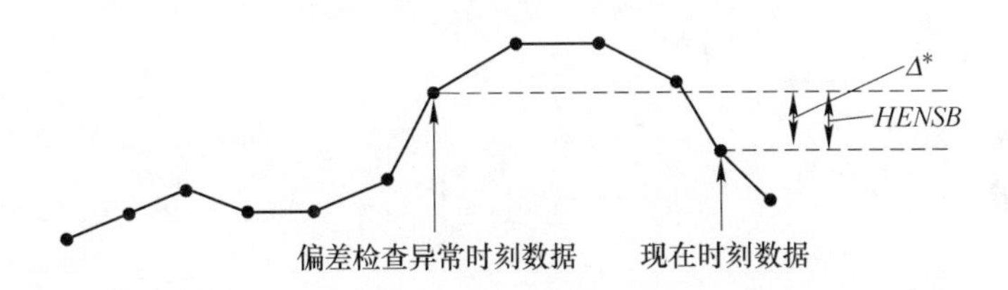

图 5.7 温度下降检查运算

温度下降检查用设定值 Δ^*，令：

$$\Delta^* = [CHIK(3,1)\cdot HVC + CHIK(3,2) + CHIK\cdot VCSPEPCY] \tag{5.8}$$

式中 $CHIK(3,1)$, $CHIK(3,2)$——温度下降检查设定值；

HVC——拉速的移动平均值；

$CHIK$——拉速变动时的设定值补正系数；

$VCSPEPCY$——现在时刻的拉速与偏差检查异常时的拉速差。

当 $HENSB>\Delta^*$，则视为温度下降检查异常。

5.1.2.5 温度接近检查算式

温度接近检查算式主要监测上下部热电偶温度接近程度，主要监测上部热电偶温度下降与下部热电偶温度上升后，其温度差值较两者移动平均中断时刻测温值之差的减少情况，该算式只适合用于同组热电偶沿铸造方向检测。接近检查运算如图 5.8 所示，设现在上部热电偶温度为 TUP，下部热电偶温度为 $TDOWN$，则 TUP 和 $TDOWN$ 之偏差值 $HENSC$ 即为：

$$HENSC = TUP - TDOWN \tag{5.9}$$

接近检查用设定值 $\Delta^{\#}$，令：

$$\Delta^{\#} = \beta(SCNUP^* - SCNDOWN^*) \tag{5.10}$$

式中 $SCNUP^*$——上部热电偶移动平均时刻测温值；

$SCNDOWN^*$——下部同组热电偶移动平均中断时刻测温值；

β——接近参数（一般取 70% ~50%）。

当 $HENSC < \Delta^{\#}$时，则视为接近检查异常。

从以上检查算式可以看出，逻辑预报模型的理论基础是漏钢产生的机理，而这也为逻辑预报模型的可行性提供了保证。但与此同时，逻辑模型的处理速度和苛刻性会影响系统对漏钢行为的反应速度，还有可能会提高误报率和漏报率。因此，开发出简单合理的逻辑判断准则是开发此类漏钢预报系统的关键。

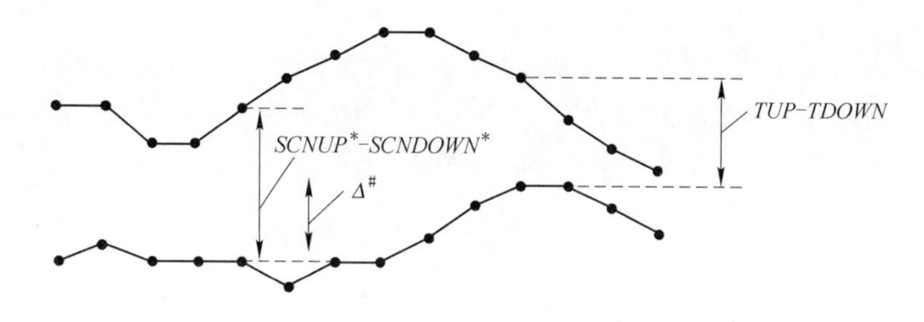

图 5.8 温度接近检查运算

5.1.3 基于神经网络的漏钢预报模型

神经网络模型是近年兴起的信号模糊识别方式。常用的神经网络模型有 BP 网络、Hopfield 网络等。

（1）神经元网络的特点。神经元网络对实际系统具有很好的适应能力、同时信息分布存储、良好的逼近能力、良好的鲁棒性和容错性。

（2）神经元网络预报的一般方法。基于神经元网络特点，同时具有并行处理能力，如神经元网络对其典型的漏钢预报曲线进行适当的学习。在漏钢预报中，由于断裂部位呈“V”字形向铸坯各面传播，所以在进行漏钢预报时，不仅要考虑粘痕在铸造速度方向的传播，还应考虑粘痕在水平方向上的传播，即神经元网络漏钢预报是一种时空模式识别问题。

5.1.3.1 利用 BP 网络进行漏钢预报

将结晶器上相邻热电偶分为一组，依据浇注时热电偶温度变化及其传播情况进行漏钢预报。由于 BP 网络（误差反传网络）一般只能处理静态模式识别，需对 BP 网络的输入输出数据进行处理，以便使之能够识别动态模式。利用 BP 网络进行漏钢预报可分为（a）、（b）两个阶段：（a）为时序列预报，（b）为粘痕的空间传播预报，如图 5.9 所示。对应于（a），采用一般 BP 网络结构，输入层单元个数、隐层层数及隐单元个数应依据实际情况合理选取，输出一般选取 1 个，如图 5.9（a）所示。网络预报粘痕在空间上的传播情况如图 5.9（b）所示，同组的相邻两个热电偶通过时序列网络后，网络输出的连续6个周期经抽头延迟，既可由其最大值经逻辑判断粘痕在水平方向上的传播情况，也可以再通过一个BP网络判断粘痕的传播情况。该网络的输入为图5.9中的两个最大值，输出单元的训练指导信号与（a）网络相同，并在宝钢及日本新日铁公司最近开发的神经元网络漏钢预报系统的运用中均获得了一定成功。

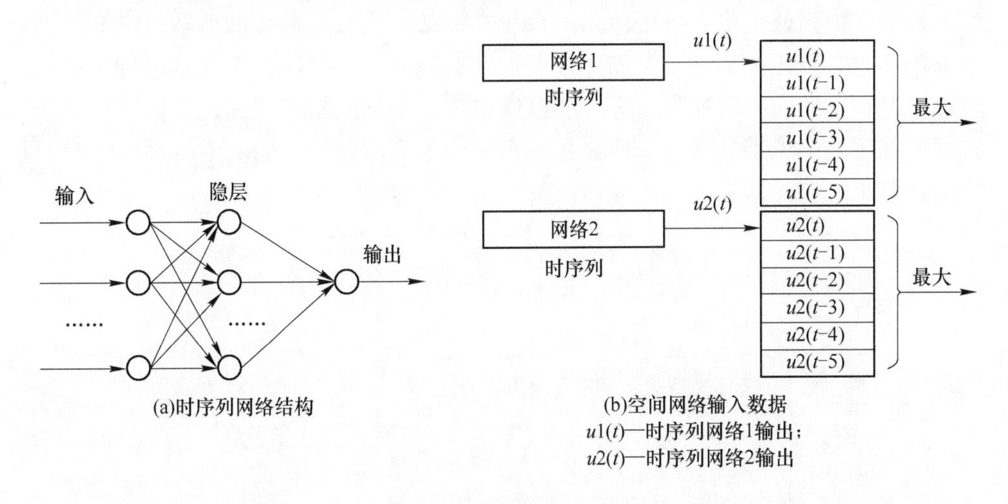

图5.9 漏钢预报网络结构

5.1.3.2 利用递归网络进行漏钢预报

递归网络（Elman）结构如图5.10所示。该网络最大特点是在隐层和网络输入层具有递归连接，可以存储和反馈网络前一段时期的隐层输出，网络反馈环的

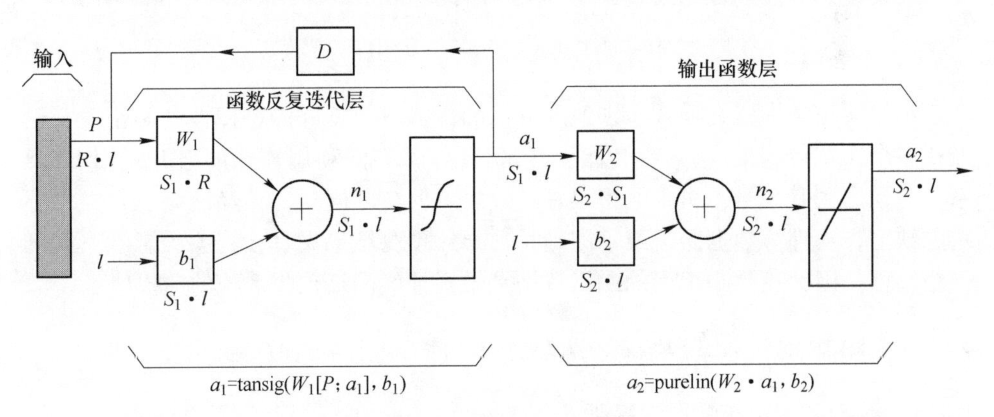

图5.10 Elman递归网络结构

a_1，a_2—第一和第二隐层输出；b_1，b_2—偏值；D—时滞；n_1，n_2—第一和第二隐层输入；P—输入；R—输入个数；S_1，S_2—第一和第二隐层单元个数；W_1，W_2—第一和第二隐层权值

（激活函数 $y = \text{tansig}(x) = (1 - e - x)/(1 + ex)$，$y = \text{purelin}(x) = x$）

存在使网络动态特性得到加强，从而比较适合于结晶器漏钢预报这种温度变化大惯性、大滞后及高度非线性和粘痕的时空传播情况。利用递归网络可以识别时空模式的特征进行漏钢预报模拟，仿真结果较好。但该系统尚未进入实用阶段。

5.1.3.3 利用雪崩网络进行漏钢预报

雪崩网络最大的特点是能够同时识别时空模式结构。该网络一般由一个输入层、若干个识别处理层和一个输出层组成，通常把待识别模式的持续时间分为若干个相等的时间片，为每个时间片建立识别处理层。由于网络在训练过程中同时能够反馈和存储前一时期的状态，所以网络可以识别时空模式结构。同时，由于该网络采用多个识别处理层，所以也可识别时序列问题。雪崩网络结构如图5.11所示。但该系统尚未进入实用阶段。

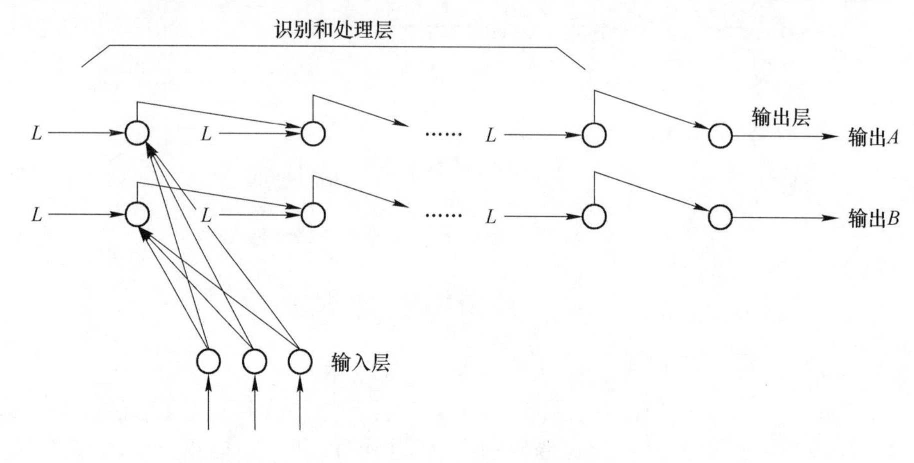

图5.11 雪崩网络结构

L—网络全局偏置项（以控制网络的整体活跃程度）

神经网络凭借其在模式识别速度方面的优势以及良好的鲁棒性和容错性，已经在各个领域得到推广，宝钢曾经与宝信合作，共同利用神经网络开发出BBPS系统并运用到其2号铸机，取得很好的效果。但与此同时，神经网络也存在着一定的缺陷，当训练数据匮乏或不准确时会导致预测结果失真，将大大影响系统的预报精度，因此，收集全面的漏钢数据是做好神经网络预报系统的前提。

5.2 逻辑预报模型的开发与实践

5.2.1 漏钢预报系统的理论基础

漏钢预报系统的开发是以结晶器铜板热电偶测温信号的识别为基础的，其中典型的温度信号分为正常模式、缺陷模式、黏结漏钢模式以及角部漏钢4种模式，如图5.12（a）~（d）所示。

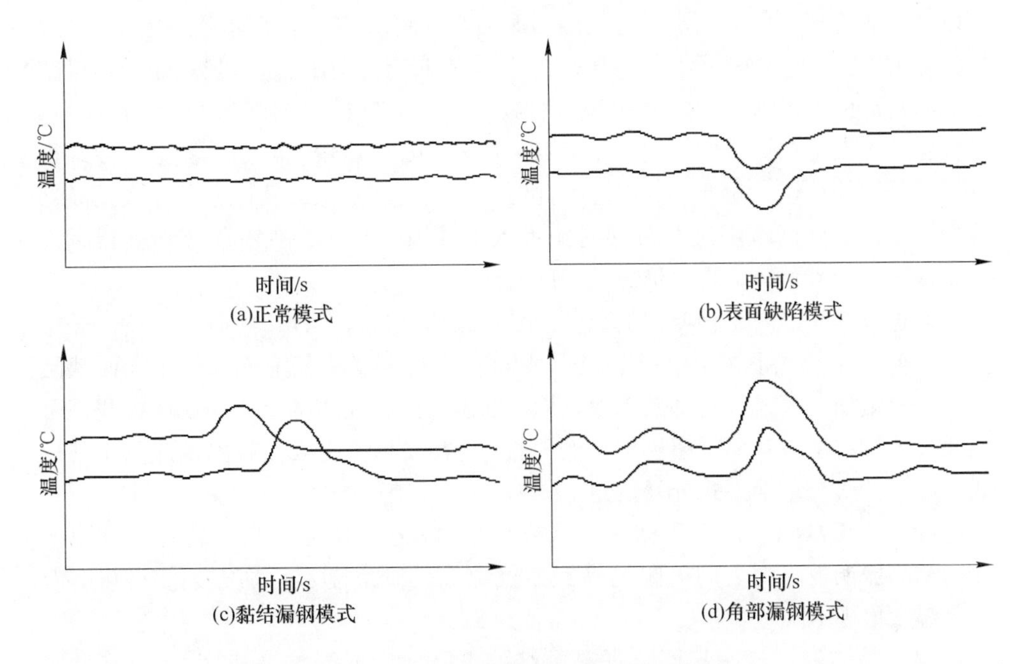

图5.12 结晶器铜板温度信号的不同模式

(1) 正常模式。正常生产过程中，嵌在结晶器铜板中的上下两排电偶检测到的温度值应是较平直的两条曲线，只有微小的波动，如图5.12(a)所示。

(2) 表面缺陷模式。这种模式的产生，是由于保护渣熔化不好或者渣条卷入弯月面，影响了板坯的表面质量。此外，凝固坯壳若发生纵向裂纹，也会出现这种模式，如图5.12(b)所示。其特征是两排电偶检测的波形均有一个波谷。波谷的出现可能与结晶器和已凝固坯壳间形成的气隙有关；另外，熔化不好的渣块随坯壳下降，滑移到埋设热电偶的位置，也可能会形成一个波谷。出现这种情况，常会导致一些表面质量问题。表面纵裂的传播速率大大高于拉坯速度，上下部热电偶几乎同时探测到温度变化，出现此类模式，往往并不会导致漏钢，它只是一种表面缺陷，可并入质量问题中，以便必要时由后续工序对铸坯产品进行处理。

(3) 黏结漏钢模式。当黏结发生时，撕裂点经过电偶所处的位置一般会出现如图5.12(c)所示的温度模式。黏结发生时，铸坯撕裂点不仅沿纵向传播，而且以40°~60°角沿结晶器面横向传播，拉坯速度越大，角度越大。裂纹向下传播的速度为拉坯速度的50%~80%。通过位于上下两排同列电偶，可以检测出这种裂纹的纵向传播，其模式都有一先升后降的趋势，此类模式也可由位于同排相邻的电偶进行裂纹的横向传播检测。

(4) 角部漏钢模式。角部漏钢模式形成的原因是：在结晶器的角部冷却过好以至形成缝隙，后续钢水溢过先期形成的弯月面，进入这些缝隙后凝固，导致拉坯阻力增大，出现坯壳下降不畅，在此部位可能形成拉裂。拉裂点经过埋设在结晶器角部的热电偶时，常会出现这种模式。其温度模式如图 5.12（d）所示。这种事故多发生在更换中间包、结晶器液面较低及拉速较低时结晶器铜板冷却很好，已凝固的铸坯在角部形成缝隙，此时因拉坯速度变化或其他原因导致结晶器液面波动，后续钢水溢过弯月面时便进入该缝隙。此外，在线调节结晶器宽度时，保护渣进入角部，也会形成这样的缝隙。

通过对结晶器内 4 种典型的温度信号模式的分析可知：

（1）正常模式下，上下排热电偶所测得的温度波动范围不大，而表面缺陷模式、黏结漏钢模式和角部漏钢模式均存在温度的较大波动，这样就使得我们可以通过已有数据得到两个超过正常模式的临界温度值，把表面缺陷模式与正常模式、漏钢模式与正常模式分开。

（2）表面缺陷多是由于夹渣或纵裂而产生，这一缺陷的典型特点是高温坯壳与结晶器铜板热面之间的距离（产生气隙或是渣条侵入）加大，使得热电偶所测温度出现下降。

（3）黏结漏钢最明显的特征是黏结的下降速度低于拉坯速度，坯壳断裂，钢液渗出后会使热电偶所测得的温度大幅上升，并且随着黏结热点（破损点）的下降所测温度会出现一个明显回落，当热点经过下排热电偶时就会出现下排温度超过上排温度的现象。

（4）角部漏钢以悬挂漏钢为主，典型的悬挂漏钢特征是上排热电偶由于距离破损坯壳较近，因此其受钢液渗出或是初生坯壳大大减薄影响而温度明显上升，而下排热电偶处则由于坯壳减薄而出现明显的温度上升，但因钢液未渗出而使其温度并未超过上排热电偶的测温值。

（5）纵裂与黏结漏钢的最主要区别是传播速度，纵裂的传播速度大大高于拉坯速度，夹渣的传播速度与拉坯速度一致，而黏结传播速度通常为正常拉速的 50% ~80%，这一典型的区别有利于判断夹渣、纵裂以及黏结漏钢的产生。

（6）测温热电偶可以通过位置分为相邻的纵向或横向热电偶组合对，横向组合较纵向组合而言反应速度快，但精度低于纵向组合，考虑到反应时间相差不多，故选择精度更高的纵向组合更合理。

基于以上 6 点分析可以发现，结晶器温度信号的 4 种模式有本质区别，这也为本研究开发基于逻辑判断的漏钢预报系统提供了可能。

5.2.2 漏钢预报系统的开发

根据上述理论，本节设计了三层逻辑判断结构，具体的逻辑运算方式如图 5.13 所示。

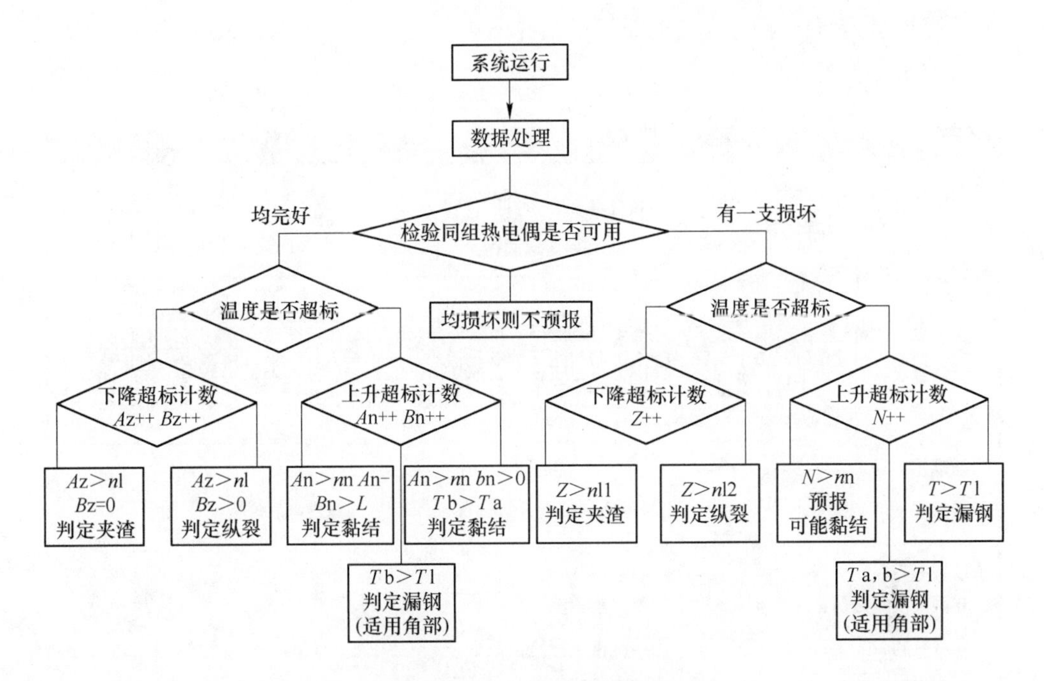

图 5.13 三层逻辑判断结构

Az，*Bz*—分别表示上、下两排热电偶关于表面缺陷的逻辑计数；*An*，*Bn*—分别表示上、下两排热电偶关于漏钢的逻辑计数；*Z*，*N*—分别表示单电偶时表面缺陷和漏钢两个方面的逻辑计数；*Ta*，*Tb*—分别表示上、下两排热电偶的测温值；*nl*—表面缺陷判定参数；*L*—传播时间参数；*nl1*—单热电偶条件下的夹渣判定参数；*nl2*—单热电偶条件下的纵裂判定参数；*nn*—单热电偶条件下的黏结参数；*Tl*—温度极限值

在此理论基础上，本节利用大型程序软件 VC ++ 开发出了具有预报快捷、界面友好的拥有上下两排共 32 支热电偶的漏钢预报系统。

本系统共有 5 个模块。

5.2.2.1 参数输入模块

如图 5.14 所示，在此模块中可以选择浇注钢种和铸坯断面信息。当前浇注炉次、当前结晶器通钢量等会对浇注产生一定影响，可由现场数据库中提取。浇注拉速、结晶器锥度、起步拉速、起步时间以及结晶器长度等相关信息可以由操作人员输入。热电偶位置以及预报参数由文件中提取，数据上的修改可以通过对文件的修改进行。通过选定浇注的钢种和断面可以得到相应的浇注过程专家建议。如浇注钢种选择 Q235，得到的专家建议是：“由于该系列钢种属于包晶反应区内，因此在结晶器中凝固时会产生剧烈的收缩，当产生气隙后会影响铸坯的传热，铸坯表面温度较高，选用熔化温度较高的保护渣会提高保护渣的润滑性，此类钢种是裂纹敏感性钢种，因此为保证铸坯传热的均匀性应适当使用中等黏度的保护渣。”系统设置起步时间及起步拉速是为了避免起步期间的非正常浇注状态对系统正常运行的影响，起步期间，结晶器内的热状态主要由热相图监控，漏钢预报逻辑不参与判断。

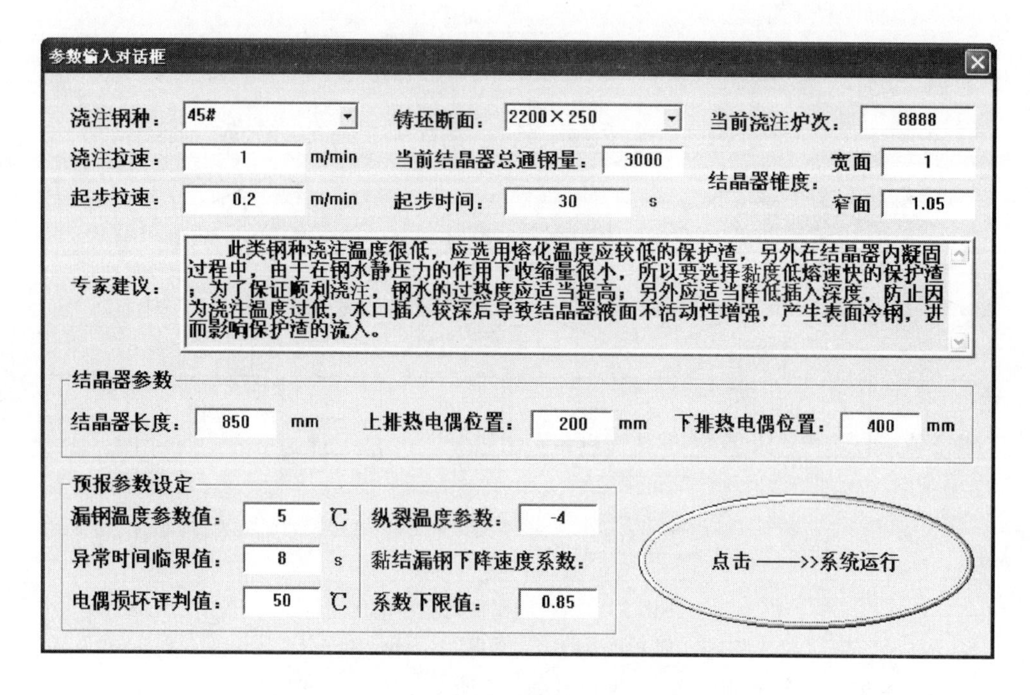

图 5.14　预报模型参数输入模块

当所需参数输入完毕、浇注准备工作就绪后即可点击“点击—> >系统运行”按钮，启动系统，系统每一秒钟从数据库中提取一次数据。

5.2.2.2　热相图显示模块

本模块是系统显示的主题模块，如图 5.15 所示。本模块包括结晶器铜板热相图、当前浇注的信息、进出水温度曲线、中间包温度曲线以及液面波动、拉速曲线。

热相图模块分为 4 个部分，从左到右、从上到下分别为宽面铜板内弧、窄面右侧铜板、宽面铜板外弧和窄面左侧铜板；铸机拉速即结晶器液面波动曲线模块中，黄色曲线为拉速变化曲线，蓝色曲线为液面波动曲线。中间包温度曲线模块是在线检测的中间包温度，有黄色曲线标示。冷却水进出口温度曲线模块中，黄色曲线为进水温度曲线，蓝色曲线为出水温度曲线。

图 5.15 当前显示的信息为正发生黏结漏钢时系统状态。从图中可以看到，热相图中出现了明显的高温区域，裂口形状呈“V”形，此时结晶器冷却水出水温度有所下降，这表明结晶器的整体传热受到影响。以上都是典型的漏钢行为的征兆，这说明系统具有很强的实时性，能够及时反映出结晶器的热状态。

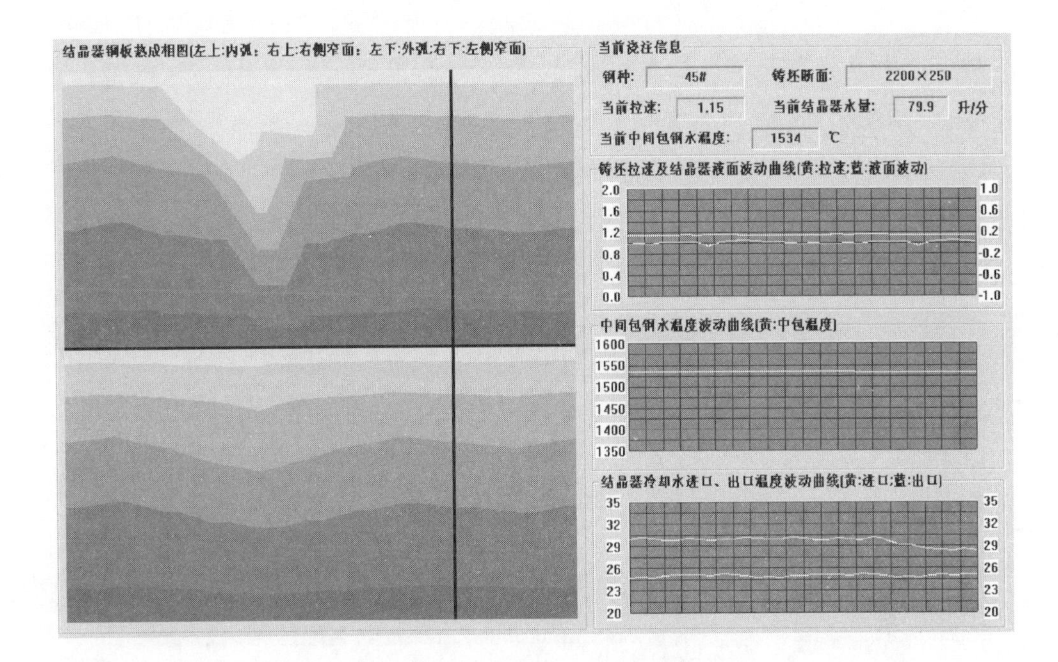

图 5.15 预报模型的热相图模块

5.2.2.3 温度曲线显示模块

如图 5.16 所示，本模块是系统对热相图模块的一个重要的补充，热相图中显示相应状态的温度数据会在本模块中以变化曲线的方式给出。针对热电偶温度显示的典型性，本模块按纵向热电偶布置分组，通过点击相应的热电偶组的标签可以查阅该热电偶组在已经过去的 30s 时间内的温度曲线。与此同时，本模块还包括热电偶的运行状态以及最新测得的温度数据显示，以便于及时查阅热电偶的使用信息。

图 5.16 当前显示的信息与图 5.17 相对应，为发生该次黏结漏钢时的温度变化曲线，最先出现温度变化的是“4# ~ 20#”热电偶组，这与热相图中所对应的位置一致。

5.2.2.4 数据显示模块

如图 5.17 所示，通过点击“数据更新”按键可以查看当前已经过去的时间内的 30 组数据，作为对温度曲线的辅助，便于对当前结晶器的运行状态做更为细致的分析。

5.2.2.5 实时预报结果显示模块

如图 5.18 所示，本模块包括的预报信息为表面纵裂缺陷、黏结漏钢和悬挂漏钢，在出现相应的缺陷或是漏钢时，系统会自动记录下异常信号产生的位置

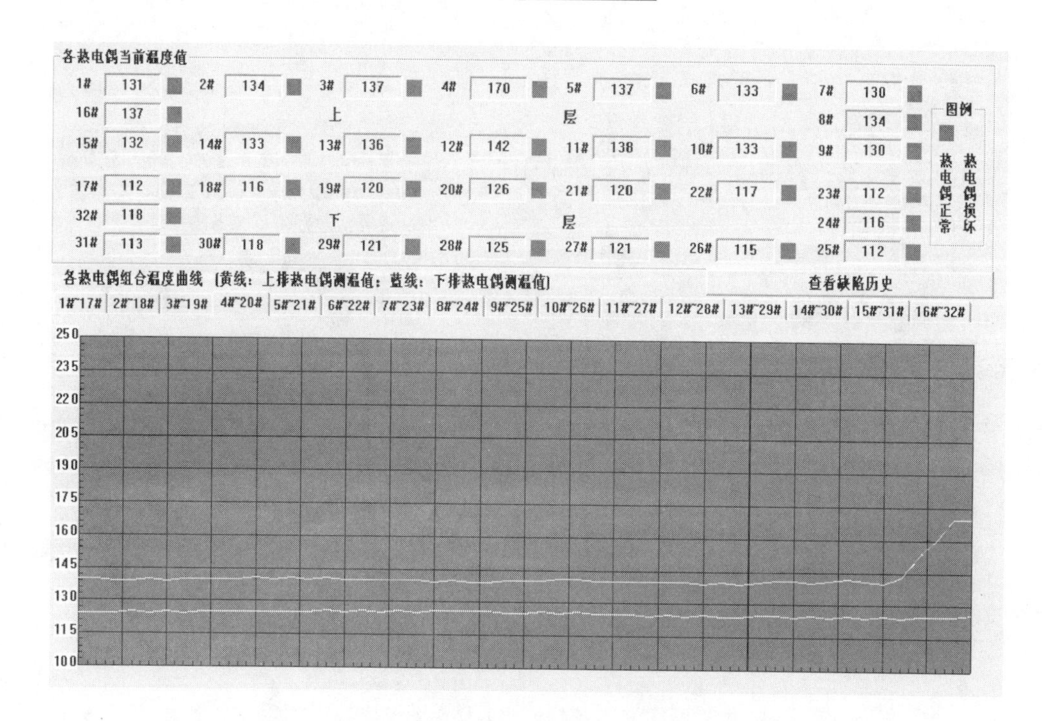

图 5.16 预报模型的测温曲线显示模块

当前记录	1#热电偶	2#热电偶	3#热电偶	4#热电偶	5#热电偶	6#热电偶	7#热电偶	8#热电偶	9#热电偶
记录1	130.0	134.0	142.0	150.0	150.0	133.0	130.0	135.0	130.0
记录2	130.0	134.0	150.0	153.0	155.0	134.0	129.0	135.0	130.0
记录3	130.0	134.0	155.0	155.0	158.0	133.0	130.0	135.0	131.0
记录4	130.0	134.0	158.0	158.0	160.0	134.0	129.0	135.0	130.0
记录5	130.0	134.0	160.0	160.0	163.0	133.0	130.0	135.0	131.0
记录6	130.0	135.0	163.0	163.0	165.0	133.0	129.0	136.0	130.0
记录7	130.0	135.0	165.0	165.0	170.0	134.0	130.0	136.0	131.0
记录8	130.0	135.0	170.0	165.0	170.0	133.0	130.0	136.0	131.0
记录9	130.0	134.0	170.0	165.0	170.0	133.0	131.0	135.0	131.0
记录10	130.0	134.0	170.0	165.0	170.0	132.0	130.0	135.0	130.0
记录11	130.0	134.0	170.0	166.0	160.0	133.0	131.0	135.0	130.0
记录12	130.0	134.0	160.0	169.0	153.0	132.0	130.0	136.0	130.0
记录13	130.0	134.0	153.0	169.0	143.0	133.0	131.0	135.0	130.0
记录14	131.0	133.0	143.0	170.0	135.0	132.0	130.0	134.0	130.0
记录15	131.0	133.0	137.0	170.0	136.0	133.0	130.0	135.0	131.0
记录16	131.0	134.0	137.0	170.0	137.0	133.0	130.0	134.0	130.0
记录17	131.0	134.0	138.0	170.0	136.0	132.0	129.0	135.0	131.0
记录18	131.0	133.0	137.0	160.0	136.0	132.0	129.0	134.0	130.0
记录19	131.0	133.0	138.0	153.0	136.0	132.0	130.0	135.0	130.0
记录20	131.0	134.0	137.0	143.0	135.0	133.0	130.0	134.0	131.0
记录21	130.0	135.0	137:0	140.0	136.0	133.0	130.0	135.0	130.0
记录22	130.0	134.0	136.0	141.0	136.0	133.0	129.0	136.0	130.0
记录23	130.0	135.0	137.0	142.0	136.0	133.0	130.0	135.0	130.0
记录24	130.0	134.0	137.0	141.0	135.0	133.0	129.0	136.0	130.0
记录25	131.0	135.0	137.0	140.0	136.0	133.0	130.0	135.0	130.0
记录26	131.0	134.0	137.0	141.0	136.0	134.0	130.0	136.0	131.0
记录27	131.0	135.0	136.0	141.0	136.0	134.0	130.0	135.0	130.0
记录28	130.0	134.0	137.0	140.0	136.0	134.0	131.0	136.0	130.0

数据更新 —>> 点击

图 5.17 预报模型的测温数据显示模块

（由哪组热电偶测出）以及产生这一缺陷或漏钢的时间。在系统右侧显示的是铸坯缺陷及漏钢预报的历史记录，通过点击“输出历史记录”按钮将相应信息存储到相关文件中。以上的处理有利于后续对铸坯缺陷及漏钢行为的分析，便于从海量数据中提取有价值的信息，利于对系统逻辑参数进行优化，从而进一步提高系统的可靠性。另外，通过对有效数据的提取可以获得更为丰富、更为准确的漏钢及铸坯缺陷的浇注信息数据库，有利于为下一步开发基于神经网络的漏钢预报系统的神经网络训练做好前期的数据准备工作。

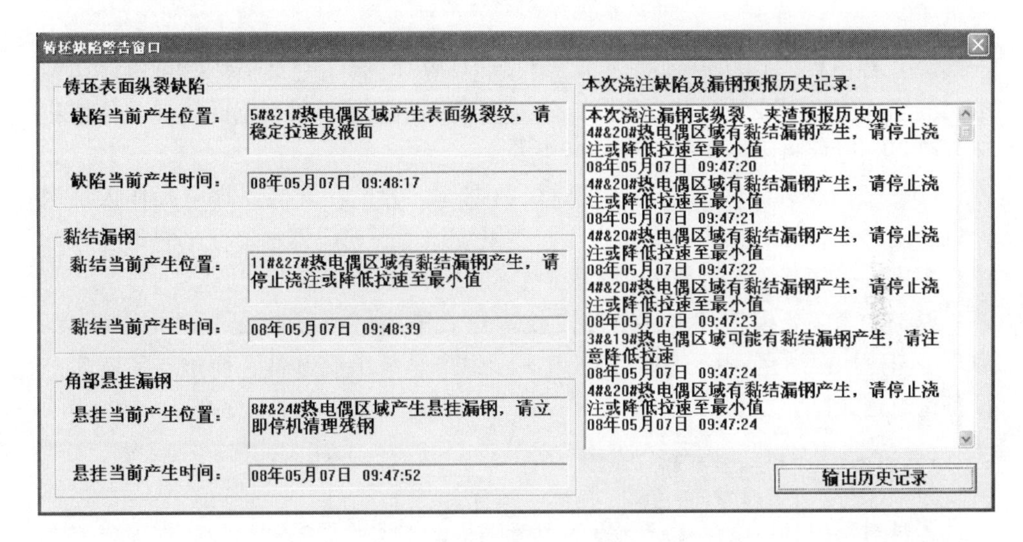

图5.18 漏钢预报系统结果显示模块

但就漏钢预报的实现而言，其实现还需要许多针对信号处理的辅助环节，如信号的延时采集、变条件下的标准确定以及失常信号的剔除等，下面就分别介绍所采用的辅助技术：

（1）信号延时采集技术。典型的温度信号是一定时间周期内的温度信号集合，只有将一段时间的信号数据积累起来才能对铸坯在结晶器内的运行状态作出准确的判断。鉴于此，本系统利用数据库“队列”技术，将一定时间段的信号数据组成队列，随着浇注的进行，新测得的数据进入队列，队列中历史最早的数据离开队列，这样队列就形成了一个稳定的数据区间，这就是信号延时采集技术。所谓的“延时”指的是当时数据采集后不立即对所采集数据进行判断。

（2）变条件下信号标准的确定。由前文的分析可知，在不同的结晶器冷却水温、水量、拉速，甚至铜板厚度的影响下，铜板某一确定区域的温度会受到影响，而此时判断漏钢的标准必须作出相应的变化才能对信号作出准确的判断。本系统的信号标准是由已经测得的5组数据的平均值得到的，当已测得的数据不做连续的超过漏钢极限阶梯式增长或是直接超过漏钢极限的增长时，标准则会随信号的波动而改变，以适应新条件下的信号变化。

（3）失常信号的剔除。在实际的生产中，热电偶的测温信号难免有失真的情况出现，及时的剔除失真信号是漏钢预报降低误判的重要前提。本系统利用已有的标准信号对所测信号作出判断，当某一信号出现过大或过小的波动而其他信号正常时，该信号将作为失常信号予以剔除。

（4）热相图绘制。本系统的热相图模块采用了编程绘图的 OpenGL 技术，该技术使绘图变得更为简易，绘图数据变化时能够快速更新，不影响热相图的视觉效果。

（5）热电偶工作状态判断。实际生产中，热电偶随时有损坏的可能，当热电偶测温低于极限或是所测温度在一定时间段内连续较低时则判断该热电偶已损坏，该组热电偶将采用单热电偶判断模式。

（6）相应钢种浇注信息的专家建议数据库。为了在开浇前提醒操作人员对即将开浇的钢种做好相应的准备工作，本系统组建了相应钢种浇注信息的专家建议数据库，以便于连铸操作人员的及时查阅。

以上 5 个主要模块和上述的几点技术构成了漏钢预报系统的主体框架，而 VC + + 编程语言的应用提高了系统与实际生产系统的交互性，便于与实际生产设备进行连接。

5.2.3 系统测试与结果分析

通过对国内某厂实际生产数据的大量采集，本实验从温度信号数据库中提取温度数据 1200 条，其中包括黏结漏钢数据 8 段、悬挂漏钢数据 2 段、表面缺陷数据 5 段和表面夹渣数据 5 段。对于相关参数的制定以拉速为 1.2m/min 为标准，当拉速发生变化时系统会通过实际拉速与基准拉速的关系来自动调整相应参数的大小。

5.2.3.1 缺陷判定参数变化对表面夹渣和缺陷判定的影响

如前所述，缺陷判定参数包括热电偶正常工作条件下的 nl 值和单个热电偶工作时的 $nl1$ 和 $nl2$ 值。下面将分别讨论上述缺陷判定参数对铸坯表面夹渣和缺陷判定的影响。

由表 5.1 和图 5.19 的结果可以看出，当 nl 设为 4 时，通过设定的逻辑判断可以全部找出表面夹渣和表面缺陷；当 nl 设为 3 时，夹渣判定条件变苛刻，有两处大的温度波动被误判为表面夹渣；当 nl 变得更小时误报率会变得更高。当 nl 设为 5 时，由于条件放宽有两处表面夹渣被漏判，但由于系统考虑到了纵裂传播速度较快的因素，因此表面缺陷模式全部命中；而当 nl 过大时，其对夹渣和纵裂的判定条件进一步放宽，因此预报正确率极低，仅对两处长纵裂做出了判断。

表 5.1 热电偶处于正常状态时不同缺陷判定参数下表面夹渣和缺陷的判定结果

*n*l	夹渣	缺陷	正确率/%	误报率/%	漏报率/%
3	7	5	83.3	16.7	0
4	5	5	100	0	0
5	3	5	80	0	20
10	0	2	20	0	80

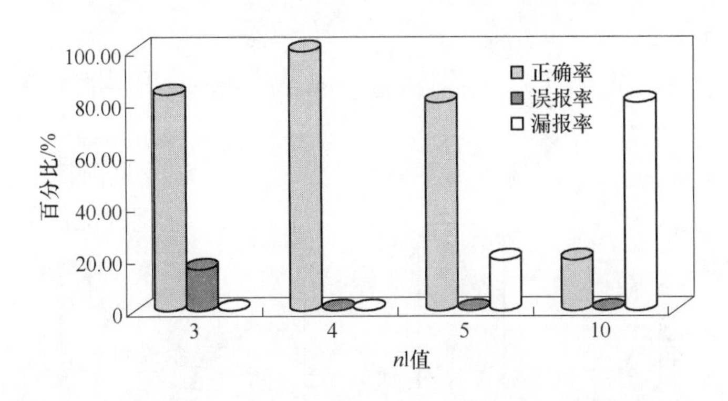

图 5.19 热电偶正常时缺陷判定参数对表面夹渣和缺陷判定的影响

由表 5.2 及图 5.20（a）~（c）可知，当有一个热电偶损坏时，只要相应的参数设置合理依旧可以得到相对理想的表面夹渣和表面缺陷判定结果，这也说明表面夹渣和表面缺陷的判定，特别是表面夹渣的判定，主要依靠单个热电偶的探测；但与此同时由于配对热电偶的损坏使得纵裂的误报率有所上升，这也是单一时间判定条件的缺陷所导致的必然结果。

表 5.2 单热电偶工作时不同缺陷判定参数下表面夹渣和缺陷的判定结果

*n*l1	*n*l2	夹渣	缺陷	正确率/%	误报率/%	漏报率/%
4	8	5	6	90.9	9.1	0
5	8	3	6	72.7	9.1	18.2
4	10	5	5	100	0	0
5	10	3	5	80	0	20

5.2.3.2 漏钢判定参数对悬挂漏钢和黏结漏钢判定的影响

如前所述，漏钢判定参数包括热电偶正常工作条件下的 *n*n、*L* 和 *T*l 值和单个热电偶工作时的 *n*n 和 *T*l 值。下面将分别讨论上述漏钢判定参数对悬挂漏钢和黏结漏钢判定的影响。

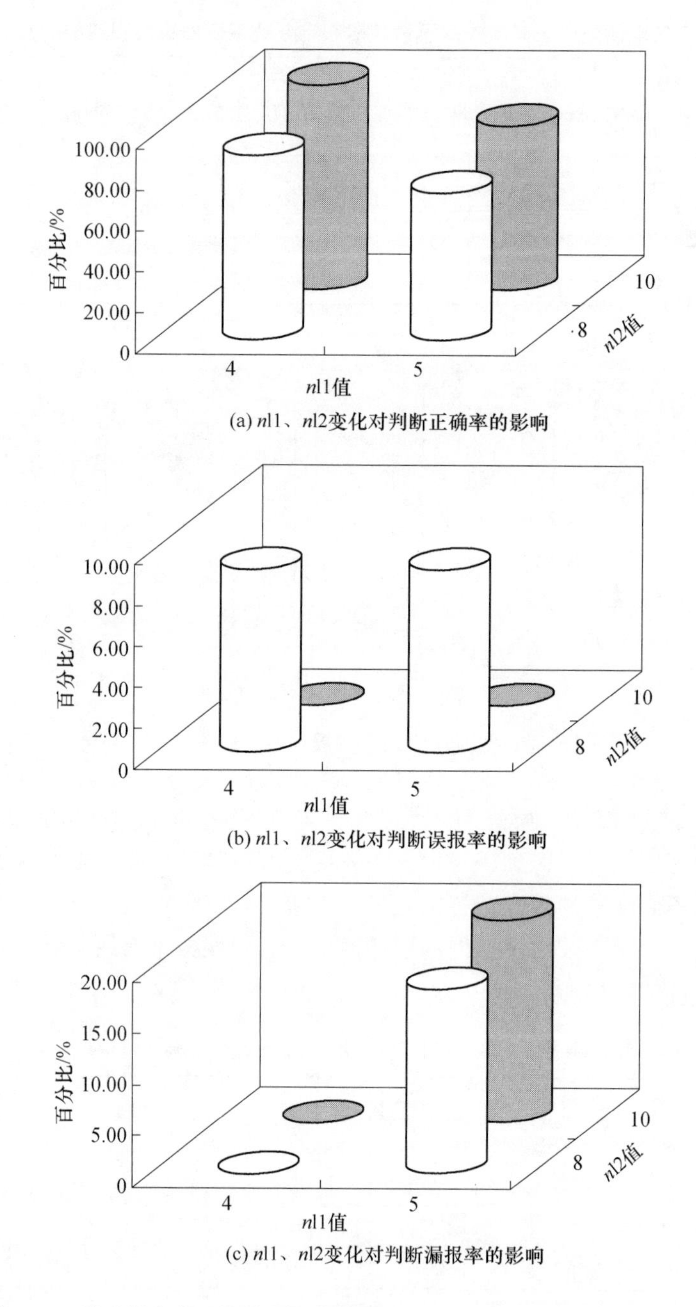

图 5.20 单电偶条件下缺陷判定参数变化对表面夹渣和缺陷判定的影响

表 5.3 和表 5.4 分别是热电偶完好时和单个热电偶工作时对黏结漏钢和悬挂漏钢的判定结果。其中表 5.3 中的 7 组数据分别是 *n*n、*L* 和 *T*l 单独变化时的预报结果：当 *n*n 设为 8、*L* 设为 12.5、*T*l 设为 160 时预报效果达到最佳。当 *n*n 减小

时，有2段温度异常波动数据被误判为黏结漏钢，而当 nn 增大时，有1段黏结漏钢数据被漏报。当 L 减小时，有一段温度异常波动数据被判定为黏结，而当 L 增大时，1处黏结漏钢被先后报为悬挂漏钢和黏结漏钢，L 的变化均增加了误报率，这主要是由于黏结漏钢时检测到的峰值温度与悬挂漏钢的峰值温度一样，都是钢水直接与结晶器壁接触导致的结果，因此对 L 的控制是区分黏结和悬挂的关键。当 Tl 变化时其会引起悬挂漏钢的误报与漏报，这主要是由于悬挂漏钢最明显的特性就是温度的急剧升高，当 Tl 大于悬挂漏钢的峰值温度参数时将不会预报悬挂漏钢。

表5.3 热电偶正常工作时漏钢的判定结果

nn	L	Tl	悬挂	黏结	正确率/%	误报率/%	漏报率/%
6	12.5	160	2	10	83.3	16.7	0
8	12.5	160	2	8	100	0	0
10	12.5	160	2	7	90	0	10
8	11	160	2	9	90.9	9.1	0
8	14	160	3	7	90	10	0
8	12.5	155	4	8	83.3	16.7	0
8	12.5	170	0	8	80	0	20

表5.4 单个热电偶工作时漏钢的判定结果

nn	Tl	悬挂	黏结	正确率/%	误报率/%	漏报率/%
6	160	11	13	41.7	58.3	0
8	160	11	12	43.5	56.5	0
10	160	11	9	50	50	0

从图5.21中可以看到，热电偶损坏对漏钢的判定有显著的影响，不仅黏结漏钢均被先后判为悬挂漏钢和黏结漏钢，而且由于延时参数的缺失使得黏结漏钢的判定出现大量的误判，实际过程中会严重影响生产的顺利进行，因此，热电偶测温设备的维护是漏钢预报系统能否正常运行的关键。

以上实验证明，系统通过修正预报参数可以显著提高预报的成功率，并进一步降低漏报率和误报率。与此同时，由于该系统具有预报信息以及预报时间的自动保存功能，因此可以方便地从数据库中找到相应的缺陷以及漏钢所对应的数据，以便在实际生产过程中通过调整预报参数来进一步降低实际生产中的误报率以及漏报率，进一步提高系统的精度，并且可为今后的研究提供数据的保障，完成向漏钢预报人工智能化方向的升级。

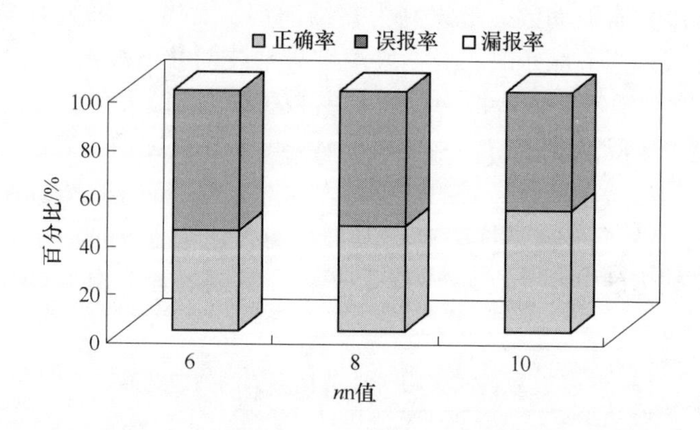

图5.21 单电偶条件下漏钢判定参数对悬挂漏钢和黏结漏钢判定的影响

参考文献

[1] 孙立根，张家泉．基于逻辑判断的漏钢预报系统的开发［J］．冶金自动化，2009，33（1）：16－20，25.

[2] Sun Ligen, Li Huirong, Zhang Jiaquan. The development of breakout prevention system by logical judgement［J］. Advanced Materials Research, 2011，418－420：1996－2000.

[3] Sun Ligen, Li Huirong, Zhu Liguang. The research on breakout prevention by logical judgement［J］. Advanced Materials Research, 2012，402：484－488.

[4] 张惠民，张跃萍．连铸黏附性漏钢预报装置工作原理及应用分析［J］．冶金自动化，1993，17（6）：12－13.

[5] 王旭，王宏，王文辉．人工神经网络原理与应用［M］．沈阳：东北大学出版社，2000.

[6] 职建军，文昊．宝钢板坯漏钢预报系统的开发与应用［J］．宝钢技术，2000，5：45－47.

[7] Elman. J. L. Finding structure in time［J］. Cognitive Science. 1990，14（1）：179－211.

6 连铸坯质量预报模型的开发与实践

建立基于神经网络的连铸坯质量预测模型，对连铸坯缺陷的产生情况进行在线预测就是利用连铸生产过程中的与质量有关的各种信息来实现的。连铸过程是集流体流动、热传输、凝固、结晶相变于一体的复杂的工艺过程，在这个过程中产生的缺陷类型很多，不同钢厂不同铸机产生的缺陷也并非完全相同。

虽然连铸坯缺陷的产生具有一定的特殊性，但除铸机条件这一影响因素外，不同类型的连铸坯质量缺陷的形成也有一定的共性。在开发连铸坯质量预报系统前，有必要首先分析一下连铸坯表面质量和内部质量的影响因素。

6.1 连铸坯表面质量的影响因素分析

连铸坯的表面质量缺陷通常包括表面横裂纹、纵裂纹、网状裂纹、深振痕、表面夹渣和针孔气泡等。

6.1.1 表面横裂纹产生的原因及其影响因素

在立式连铸机上生产的连铸坯，各个面产生横裂纹基本上差不多，但在弧型连铸机上生产的连铸坯，表面横裂纹和角部横裂纹一般产生在连铸坯上表面，大多数情况下是沿振痕波谷产生的。影响其形成的因素有：

（1）振动异常是表面横向裂纹产生的最常见的原因。振动机构的机械磨损，振动机构关节处有冷钢包裹，振动机构下有冷钢堆积、在做向下运动时受阻（负滑脱低），振动水平位移过大，这些现象都容易造成表面横向裂纹。

（2）结晶器液面。结晶器液面波动范围大，会引起表面横裂纹产生。

（3）结晶器摩擦力。坯壳和结晶器壁的摩擦力过大，会导致连铸坯在结晶器内就产生横裂纹。因此，根据钢种情况，采用具有合适成分和合适黏度的结晶器保护渣，保持最稳定的渣膜条件，减少结晶器摩擦力，有利于减少表面横裂纹。

（4）二次冷却。连铸坯离开结晶器进入二冷区。当二冷区采用冷却强度较大喷水冷却时，连铸坯内易产生较大的热应力，这种热应力会增加横裂的形成和扩展。

（5）支撑辊的对中。由于辊子卡住产生的摩擦力会使应力增加。支撑辊对中不好，或各对辊子的开口度发生变化，或辊间距太大，使坯壳交替地鼓肚和再压缩所引起的弯曲变形，都会促进横向裂纹的形成。

（6）连铸坯矫直点。钢在 700～900℃ 范围时，有一个脆化温度范围。在脆化温度范围内，连铸坯受张应力影响容易产生横裂纹。

（7）喷嘴的布置及安装。喷嘴布置不合理或安装倾斜使角部过冷，也会促进横裂纹的扩展。

（8）钢水化学成分。含碳量处于包晶范围内的钢种，表面横裂纹的发生率较高。

易偏析的杂质元素磷、硫含量越高，越容易出现横裂纹；另外，含有钒、铌、钛等元素的微合金化钢也容易出现表面横裂纹。

6.1.2 表面纵裂纹产生的原因及其影响因素

表面纵裂纹起源于结晶器中，在二冷区得到扩展，主要是由于结晶器内初生坯壳生长不均匀，张应力集中在某一薄弱部位情况下发生的。影响其产生的常见因素有：

（1）结晶器磨损或变形，导致凝壳不均匀，裂纹产生于薄弱部位。

（2）结晶器倒锥度不合适，影响结晶器内均匀导热，如果局部薄的坯壳不能承受钢水静压力，则会产生纵向裂纹。

（3）结晶器铜管在弯液面处有较深的竖直划痕。

（4）结晶器水套中有外来物出现引起水套堵塞，或者石灰沉积，或有污染物而造成结晶器冷却不均。

（5）保护渣黏度与拉速不匹配，渣子沿弯月面过多流入使渣圈局部增厚，降低了热传导，阻碍了凝壳的发展。

（6）结晶器内液面波动过快、过大，也直接影响凝壳形成的均匀性并易形成纵裂纹。

（7）结晶器与足辊段对弧不正确。

（8）浸入式水口套安装偏斜，造成局部冲刷，使该部位凝壳变薄。

（9）较高的浇注温度对凝壳的均匀生长有较大的影响；另外，浇注温度高，形成的坯壳较薄，承受横向力的能力较差，纵裂发生率增大。

（10）二次冷却，尤其是足辊段局部过冷产生纵向凹陷而导致纵向裂纹。

（11）菱形变形伴生的纵向裂纹。

（12）结晶器冷却过强，增加了冷却的不均匀性，纵裂发生率增大。

（13）钢水化学成分对裂纹有较大的影响。含碳量处于包晶范围内的钢种，表面纵裂纹的发生率较高。此外，随磷、硫、砷、锌、铜、铅、锡、硼等元素含量增加，裂纹也有增加的趋势。

（14）连铸坯尺寸。连铸坯宽度较大的，表面纵裂发生率增加。

6.1.3 表面夹渣产生的原因及其影响因素

连铸夹渣是来自熔点高、流动性差、漂浮在结晶器内的浮渣被咬入，在连铸坯表面后残留的熔渣。冶炼、精炼、脱氧条件不良，钢包内钢水洁净度差，其夹渣便多。表面夹渣产生的原因及其影响因素主要为：

（1）钢包和中间包的耐火材料内衬、水口、浸入式水口等，当和钢水接触时，会产生机械冲刷和化学侵蚀，被冲刷和侵蚀下来的耐火材料颗粒悬浮在钢水中，且越接近结晶器越不易从钢水中排除。

（2）中间包液位低，减少了钢水在中间包内的平均停留时间，不利于夹杂物的上浮。

（3）结晶器内液面不稳定，波动过大、过快，造成未熔解粉末的卷入而形成表面夹渣，或者有氧化渣子颗粒脱离保护渣卷入到钢水中而成为表面夹渣。

（4）钢水中 Mn/Si 比低造成钢水流动性差。

（5）拉速过快或浇注温度偏低也容易形成夹渣缺陷。

（6）有粗大的氧化物，如脱落的水口沉积物可能在弯月面处被坯壳包住，在这种情况下所有氧化物都是以液体形态存在的，而依靠手工将其捞除干净，在实际操作中几乎是不可能的。

（7）保护渣选择不合适最易发生夹渣现象，不合适的保护渣能够被卷进钢液在连铸坯表面形成夹渣。

（8）敞开浇注时，由于二次氧化，结晶器液面有浮渣。浮渣的熔点、流动性和钢液的浸润性都与浮渣的组成有直接关系。对硅铝镇静钢来说，浮渣的组成与钢中的 Mn/Si 比有关，当 Mn/Si 比低时，形成浮渣的熔点高，容易在弯月面处冷凝结壳，产生夹渣的几率较高。

（9）对用铝脱氧的钢，铝线喂入数量也影响夹渣的性质，钢液中加铝量若大于200g/t 时，浮渣中 Al_2O_3 增多，熔点升高，黏度增加，致使表面夹渣猛增。

（10）在用保护渣浇注时，夹渣的根本原因是由于结晶器液面不稳定所致。水口出孔的形状、尺寸的变化、插入深度、吹 Ar 气量的多少、塞棒失控以及拉速突然变化等均会引起结晶器液面的波动，严重时导致夹渣。就其夹渣的内容来看，有未熔的粉状保护渣，也有上浮未来得及被液渣吸收的 Al_2O_3 夹杂物，还有吸收溶解了的过量高熔点 Al_2O_3 等。

6.1.4 气泡和针孔产生的原因及其影响因素

连铸坯在凝固时，钢中气体的生成压力大于钢水的静压力与大气压力之和，便形成气泡，若不能逸出时就残留下来形成气泡缺陷。影响气泡和针孔产生的因素有：

（1）钢液中气体（氮或氢）的含量高。

（2）中间包衬（绝热板）潮湿。

（3）钢水过热度大。

（4）结晶器润滑油过量或含水分。

（5）保护渣水分超标。

（6）中包和结晶器间注流发生二次氧化。

（7）结晶器上口渗水。

（8）没有保护浇注。

（9）中间包塞棒以及水口吹氩不当。

（10）整炉气泡缺陷是由于钢水脱氧不足所引起的；对连续出现的气泡缺陷则应检查保护渣的水分（小于0.5%）和结晶器上口是否渗水；中间包开浇第一炉的前面数支连铸坯出现气泡则是由于绝热板潮湿或黏结剂分解向钢水中增氢所致。

6.2 连铸坯内部质量的影响因素分析

6.2.1 连铸坯中心偏析产生的原因及其影响因素

连铸坯中心偏析是指钢液在凝固过程中，由于溶质元素在固液相中的再分配形成了连铸坯化学成分的不均匀性，中心部位的碳、硫、磷等含量明显高于其他部位。中心偏析通常在纵剖面上沿轴线以点线状偏析、V形偏析等形式存在，是连铸坯凝固过程中钢水流动、传热和溶质再分配的结果。溶质再分配使连铸坯中心区域最后凝固的钢水富含溶质元素，这是形成中心偏析的根本原因。

6.2.1.1 中心偏析产生的原因

中心偏析的形成机理有几种不同的理论解释，每一种只能解释某些特征，单独的每一种理论均不能完全说明问题，归纳起来有如下几点：

（1）钢中溶质元素凝固析出与富集理论。钢中溶质元素凝固析出与富集理论认为：连铸坯从表壳到中心结晶过程中，由于钢中一些溶质元素（如碳、硫、氧、磷）在固液边界上具有溶解平衡移动，从柱状晶粒析出的溶质元素排到尚未凝固的金属液中，然后随结晶的继续进行把富集的溶质推向最后凝固区中心即产生连铸坯的中心偏析，该类偏析一般是与内部夹杂和疏松相伴生的。

（2）连铸坯芯部空穴抽吸理论。众多文章对连铸坯芯部空穴抽吸产生偏析进行过阐述。该理论认为连铸坯在结晶末期有两种空穴产生。其一是液体向固体的转变过程，该转变伴随着体积收缩而产生一定的空穴；其二是连铸坯（特别是板坯与大方坯）鼓肚使连铸坯芯部同样会产生空穴，这些在连铸坯芯部的空穴具有负压，致使富集了溶质元素的钢液被吸入芯部，使之造成了中心偏析。

（3）“小钢锭”理论。由于冷却速度的差异，连铸坯各面树枝晶的生长速度是不相同的。在某一时刻有些树枝晶生长更快一些，造成与相对面的树枝晶搭桥，阻止液相穴上部的钢液向下部中空区的补缩，当桥下面的钢液继续凝固时，得不到上面钢液的补充而形成缩松或缩孔；或者由于凝固收缩的作用，吸聚了靠近中心两边树枝晶间富集溶质的液体，形成了具有缩松的中心结构，并伴随有严重的中心偏析。

（4）连铸坯中心流动理论。在中心区域等轴晶凝固时形成一种框架，当压力低于由于凝固收缩而造成的框架增长时，等轴晶发生坍塌，从而在坍塌的晶粒间形成通道，富集溶质元素的枝晶间液体就沉进通道形成 V 形或倒 V 形的半宏观偏析。

6.2.1.2 中心偏析产生的影响因素

根据连铸坯中心宏观偏析形成的理论，枝晶间金属液体的流动、连铸坯的凝固组织、钢的化学成分、冷却条件等方面，都对连铸坯中心宏观偏析有影响。而这几个方面涉及连铸的设备、工艺、技术、钢种以及操作等因素，具体归纳如下：

（1）钢的化学成分。钢中的易偏析元素碳、磷、硫含量越高，连铸坯的中心偏析倾向就越大。

（2）低过热度浇注。降低浇注温度，有利于等轴晶的形成，高的等轴晶率可以减少柱状晶之间的搭桥，从而降低中心偏析。

（3）电磁搅拌。电磁搅拌是利用交变磁场产生的电磁力在连铸坯的液相区或固液两相区引起强迫对流，达到控制凝固组织的目的。电磁搅拌在钢液中产生强烈流动，一方面使液相穴内温度均匀，另一方面可以打碎部分树枝晶，被打碎的树枝晶部分被熔化掉，部分作为等轴晶的形核核心。这两方面的因素都有助于消除钢液内的剩余过热度，降低凝固前沿的温度梯度，从而使柱状晶的发展受到控制，增加等轴晶率，从而抑制中心偏析。

（4）拉速。高拉速或浇注过程中拉速的频繁变化都会增加中心偏析的倾向。

（5）冷却强度。增加冷却强度使连铸坯快速凝固，以缩短凝固时间，减小液相流动的总量，可以减轻中心偏析。

（6）辊子对弧的精度。辊子对弧不准或辊子偏心导致树枝晶间富集的溶质液体流动，会加重连铸坯的中心偏析。

（7）辊子的变形、磨损。夹持辊变形或磨损严重，使辊子开口度突然变大，不能对冷却过程中逐渐收缩的连铸坯起到良好的支撑，造成树枝晶间富集溶质液体的流动导致中心偏析。

（8）辊间距过大，在两对辊子之间，由于钢水静压力作用连铸坯产生鼓肚造成树枝晶间富集溶质液体的流动导致中心偏析。

(9) 其他原因造成的连铸坯鼓肚。

(10) 机械轻压下。在连铸坯的凝固末端，为了补偿连铸坯凝固过程中的自然体积收缩，利用机械装置对连铸坯实施一定的压下量，可以减轻中心偏析；但压下不当，反而会加重连铸坯的中心偏析。

6.2.2 连铸坯中间、中心内裂纹产生的原因及其影响因素

6.2.2.1 连铸坯中间、中心内裂纹产生的原因

连铸坯中间、中心内裂纹的形成是由于凝固前沿受到拉应力或拉应变的作用。当拉应力超过了凝固前沿钢的强度或拉应变超过某一临界值时，凝固前沿就会沿柱状晶开裂，形成内裂纹。这一临界值既与应变速率有关，又与钢的成分(特别是碳、硫、磷的含量) 有关。而钢所具有的应变抗力则与钢的组织、冷却凝固条件 (一冷、二冷)、高温力学性能等有关。实际上，连铸坯裂纹的形成是一个非常复杂的过程，是传热、传质和应力的相互作用结果。带液芯的高温连铸坯在连铸机内运行过程中，各种力的作用是产生裂纹的外因，而钢对裂纹敏感性是产生裂纹的内因。连铸坯是否产生裂纹取决于钢高温力学性能、凝固冶金行为和铸机设备运行状态，如图 6.1 所示。所以说，内裂纹的形成是连铸过程中力学因素和冶金特性综合作用的结果。

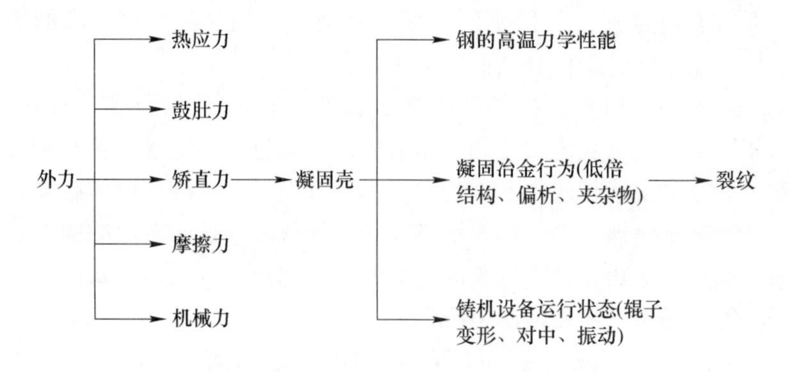

图 6.1 钢坯在凝固过程中所受的应力

A 力学因素

连铸坯凝固过程中的力学因素主要有结晶器与坯壳之间的摩擦力、钢水静压力使坯壳鼓肚产生的应力、温度分布不均匀造成的热应力、矫直应力以及导辊变形、对中不良等引起的附加机械应力等。

B 冶金因素

内裂纹形成的冶金因素主要与钢在固相线温度附近的力学行为、凝固组织、偏析等密切相关。

根据研究，钢有3个脆性温度区间，分别称为高温脆性区Ⅰ（固相线温度附近）、中温脆性区Ⅱ（1300～1000℃温度区间）和低温脆性区Ⅲ（900～600℃温度区间）。钢的高温延性如图6.2所示。

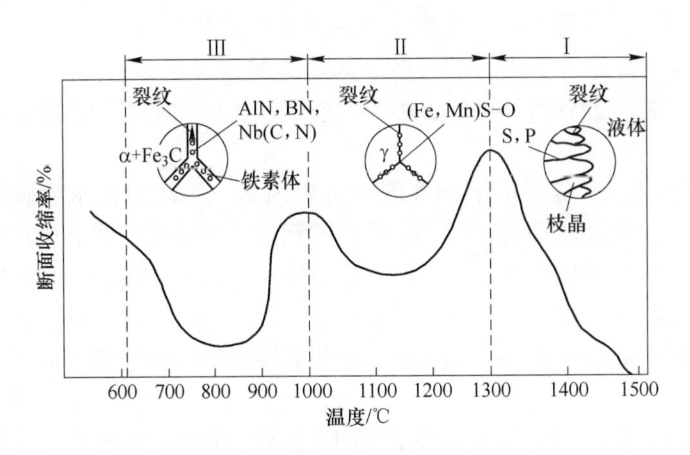

图6.2 钢的高温延性示意图

（1）高温脆性区Ⅰ。当温度下降到液相线 T_L 时，钢液开始结晶，温度继续下降到固相线温度 T_S 以上某一温度，晶体开始能传递微小拉伸力的作用，表现有微弱的强度。定义晶体开始承受拉伸力作用的温度，称为零强度温度（T_{ZS}）。当继续冷却，晶体承受拉伸力的能力缓慢上升，但表征钢塑性的断面收缩率仍然为零，钢处于极易脆裂区。只有当低于固相线 T_S 以下某一温度时，钢的韧性才开始上升。定义韧性开始上升的温度称为零韧性温度（T_{ZD}）。随着温度下降，钢的塑性不断增加。钢的固相线温度 T_S 上下的零强度温度（T_{ZS}）和零韧性温度（T_{ZD}）是衡量材料高温行为的重要参数。它表征了凝固壳抵抗裂纹的能力。T_{ZS} 和 T_{ZD} 区间的大小（$\Delta T = T_{ZS} - T_{ZD}$）是衡量凝固前沿内裂倾向的一个尺度。$\Delta T$ 越大，在这一温度区间内，由应力作用形成裂纹的几率就大。因为在此温度范围内，钢具有一定的强度，但无塑性变形能力。钢中碳含量增加，T_{ZS} 和 T_{ZD} 降低；钢中硫、磷、氧易偏析元素增加，降低 T_{ZS} 和 T_{ZD}，增加了固液界面的裂纹敏感性。

（2）中温脆性区Ⅱ。温度在约1300～1000℃，钢的高温强度和塑性增加达到最大值，其脆裂机理是沿奥氏体晶界有过饱和的硫、氧化物沉淀如（Fe，Mn）S、（Fe，Mn）O、增加了晶界断裂的敏感性。当钢中氧、硫含量高而锰含量低时，晶界断裂的敏感性就强。

（3）低温脆性区Ⅲ。当温度小于900℃时，钢的韧性重新下降，到700℃左右韧性最低（断面收缩率最小），此时连铸坯受到外力作用下极易产生裂纹。为避免连铸坯在矫直时产生裂纹，一般要求进拉矫机的连铸坯表面温度大于

900℃。低温脆性区的脆化机理是：在奥氏体晶界有碳化物 Nb(C,N) 和氮化物 (AlN)、(BN) 等质点沉淀析出，增加了晶界脆性或者有 γ→α 相变时，在 γ 晶界产生了薄膜状的初生铁素体，因铁素体较软，其形变能力比奥氏体大，使 α 相局部变形增加，导致初生的 α 相和 γ 相交界处产生裂纹。

6.2.2.2 连铸坯中间、中心内裂纹产生的影响因素

从上面所描述的连铸坯中间、中心内裂纹产生的原因可知，影响内裂纹的主要因素如下：

（1）钢水成分。碳是影响钢性能的主要因素，生产中钢水含碳量是由生产的钢种决定，不能随意调整，但含碳量高的钢内裂纹敏感性强。生产中应尽量控制磷、硫等有害元素的含量，尽可能增加锰硫比。为减少内裂纹形成的倾向，实际生产中锰硫比应不低于 25。钢中的其他元素，如铝、铌、钒、钛、硼等元素都容易在奥氏体晶界上形成沉淀质点，引起晶界脆化，使凝固以后的连铸坯中形成裂纹。

（2）浇注温度。降低浇注温度，钢水过热度减小，有利于在连铸坯中形成等轴晶组织，从而可减小内裂倾向。

（3）拉速。增大拉速会加剧冷却的不均匀性而且使连铸坯温度升高强度降低容易产生鼓肚，这都会增加连铸坯产生内裂纹的倾向。

（4）二次冷却。连铸坯的中间裂纹以及中心裂纹主要是在二冷段形成的，因此，为了确保连铸坯质量必须制定出合理的二冷制度。不合理的二冷配水会使连铸坯表面温度波动太大，出现温度回升过快、过大等现象，这些都容易导致连铸坯内裂纹的产生。

（5）二冷喷嘴的类型和布置。喷嘴的选型和布置不当，会影响连铸坯冷却的均匀性，促进内裂纹的产生。

（6）二冷喷嘴的堵塞和变形。二冷喷嘴的堵塞和变形加剧了冷却的不均匀性，造成连铸坯局部的温升过大，容易导致内裂纹的产生。

（7）辊子的对弧不良。辊子对中不良引起的附加机械应力作用于连铸坯上也容易导致内裂纹的产生。

（8）辊子的变形、磨损。

（9）辊间距过大引起连铸坯的鼓肚。

（10）其他原因造成的连铸坯鼓肚。

（11）实施轻压下时，压下位置不合适、压下量不当也会造成内裂纹。

（12）凝固组织。凝固组织应尽量使连铸坯中柱状晶减少，等轴晶增加。柱状晶发达的凝固组织，发生内裂纹的倾向增加。

6.2.3 形状缺陷产生的影响因素

常见的形状缺陷主要是连铸坯的鼓肚和菱变。鼓肚是多数连铸坯内部质量产

生的根源，因此在此重点讨论一下关于菱形变形的产生原因及其影响因素。

菱形变形是大小方坯特有的一种形状缺陷，是由于结晶器冷却不均、坯壳厚度不均，从而在结晶器内和二冷区引起的坯壳不均匀收缩造成的，发展到一定程度会引起漏钢。

影响菱形变形产生的主要因素有：

（1）结晶器磨损、变形和内表面不平整。

（2）结晶器铜管的菱形变形或组装结晶器铜板在安装中已发生偏斜。

（3）结晶器铜管处于后期，倒锥度小。

（4）结晶器铜管由于水垢或水质不好，杂质在铜壁冷面上沉淀，导致局部导热不良造成冷却不均匀而引起菱变。

（5）定径水口安装偏斜或浸入式水口不对中造成的注流偏斜及局部冲刷凝壳引起凝壳不均。

（6）在结晶器内坯壳的变形受到结晶器内腔的限制，但出结晶器后，连铸坯的支撑和喷水冷却对抑制菱变的发展有重要作用。二次冷却不均匀加剧了菱形变形；造成二次冷却不均匀的因素有：个别喷嘴的堵塞；喷嘴安装不对中；四侧的水量不均匀；喷嘴喷射角度过大，造成角部过冷；足辊间距过大，无法对出结晶器下口的连铸坯进行适当校正等。

6.3 连铸坯质量预测模型的开发与实践

连铸坯质量预报模型的开发与铸机的生产条件息息相关，针对性较强。本节以本团队结合某厂大方坯连铸机实际生产条件为其开发的神经网络预报模型为基础，系统介绍连铸坯质量预测模型的开发与实践。

6.3.1 连铸机生产情况

某厂六机六流大方坯连铸机为国内自主设计投产连铸机。为了保证连铸坯质量，除了具有动态二冷配水及在线实施动态轻压下功能外，该铸机还采用了结晶器液面自动控制、外置式结晶器电磁搅拌、气雾冷却、快速更换的密排辊扇形段设计以及进出拉矫区在线远红外表面测温等先进技术。

铸机的主要特征参数见表6.1。

表6.1 铸机主要参数

名　称	数　值	备　注
铸机机型	全弧形大方坯连铸机	
流数	六机六流	
铸机基本半径/m	12.0	

续表 6.1

名　称	数　值	备　注
矫直方式	连续矫直	
连铸坯规格/mm	280 × 380	
定尺/m	3.7 ~ 8.0	
铸机流间距/mm	1650	
工作拉速/m · min^{-1}	0.6 ~ 1.0	
送引锭杆速度/m · min^{-1}	3.0	
拉矫机布置	5 + 1（预留）	可实施轻压下
弯月面到末端拉矫辊中心距/m	22.937	5 架拉矫机
弯月面到切割起点距离/m	34.556	
结晶器长度/mm	850	整体铜管式
结晶器振动机构	四偏心轮机械振动	
液面控制方式	放射源 Cs137	
结晶器电磁搅拌	外装式	
引锭杆	下装式挠式引锭杆	
连铸坯定尺切割	火焰切割	
工作平台标高/m	+ 12.756	
出坯轨面标高/m	+ 0.570	

6.3.2 质量预测模型核心参数的确定

从连铸坯质量缺陷的种类及其影响因素的分析可以看出，连铸坯的质量缺陷种类繁多，影响缺陷产生的因素也十分复杂。在建立铸机质量神经网络预测系统时，如果考虑的因素太多，不仅大幅增加系统开发难度，还会降低模型预测精度。

不同钢厂的连铸机由于自身特征以及浇注产品的不同，在实际生产中常出现的质量缺陷也不相同，而质量预报模型作为在线预报模型也没必要对所有的缺陷类型都进行预报。预报模型建立时，应根据具体钢厂、具体连铸机类机型以及所生产的钢种特点来具体确定模型要实现的主要控制目标。

6.3.2.1 连铸坯质量状况分析

某厂连铸机生产的钢种主要为 20 号、Q235B 等普碳钢，其中以 20 号钢居多。本节以 20 号钢的数据为基础来开发预测系统，相应 20 号钢的内控标准见表 6.2。

表 6.2 20 号钢的内控化学成分 （质量分数/%）

项 目	C	Si	Mn	P	S
内控范围	0.17 ~ 0.23	0.17 ~ 0.37	0.35 ~ 0.65	≤0.035	≤0.035

本节先后对 117 块连铸坯进行了分析，表 6.3 是连铸坯硫印情况记录，对应的部分连铸坯低倍照片及硫印照片如图 6.3 及图 6.4 所示。表 6.4 是连铸坯的缺陷评级统计结果，图 6.5 是统计结果的柱状图。

表 6.3 连铸坯硫印结果记录表

熔炼号	样号	生产日期	中心偏析/级	中心裂纹/级	中间裂纹/级	皮下裂纹/级	角部裂纹/级	夹杂物/级
06506642	102	06.12.02	0	1	1	0	0	1
06506643	202	06.12.02	0	1	3	1	0	1
06506644	302	06.12.02	0	2	1	0	0	1
06506645	502	06.12.02	0	2	2	0	0	1
06506646	602	06.12.02	0	1	3	0	0	1
06406870	103	06.12.02	0	1	1	0	0	1
06406871	202	06.12.02	0	1	1	0	0	1
06406873	102	06.12.02	0	1	3	0	0	1
06506682	102	06.12.04	0	0	2	0	0	1
06506683	202	06.12.04	0	2	0	0	0	1
06406916	302	06.12.04	0	1	0	0	0	1
06406917	502	06.12.04	0	2	0	0	0	1
06207109	102	06.12.05	0	2	1	0	0	1
06306001	203	06.12.05	0	2	1	0	0	2
06506706	302	06.12.05	0	2	0	0	0	1
06506707	502	06.12.05	0	2	1	0	0	1
06506708	602	06.12.05	0	1	0	0	0	1
06406933	102	06.12.05	0	2	2	0	0	1
06406934	202	06.12.05	0	0	0	0	0	1
06207115	303	06.12.05	0	1	0	0	0	1
06207116	503	06.12.05	0	1	0	0	0	1
06207117	602	06.12.05	0	0	0	0	0	1
06306006	102	06.12.05	0	0	0	0	0	1
06516719	203	06.12.05	0	1	0	0	0	1
06506710	502	06.12.05	0	0	1	0	0	1
06306008	602	06.12.05	0	0	1	0	0	1
06207137	102	06.12.06	0	2	1	0	0	1

续表 6.3

熔炼号	样号	生产日期	中心偏析/级	中心裂纹/级	中间裂纹/级	皮下裂纹/级	角部裂纹/级	夹杂物/级
06506723	302	06.12.06	0	1	0	0	0	1
06406947	402	06.12.06	0	0	1	0	0	1
06106808	102	06.12.07	0	1	0	0	0	1
06106809	202	06.12.07	0	1	0	0	0	1
06506752	302	06.12.07	0	1	0	0	0	1
06406968	402	06.12.07	0	1	0	0	0	1
06506754	502	06.12.07	0	1	0	0	0	1
06406969	602	06.12.07	0	0	1	0	0	1
06506746	403	06.12.07	0	1	0	0	0	1
06506447	502	06.12.07	0	1	0	0	0	1
06106814	102	06.12.07	0	1	1	0	0	1
06106815	203	06.12.07	0	1	2	0	0	1
06706057	103	06.12.07	0	1	2	0	0	1

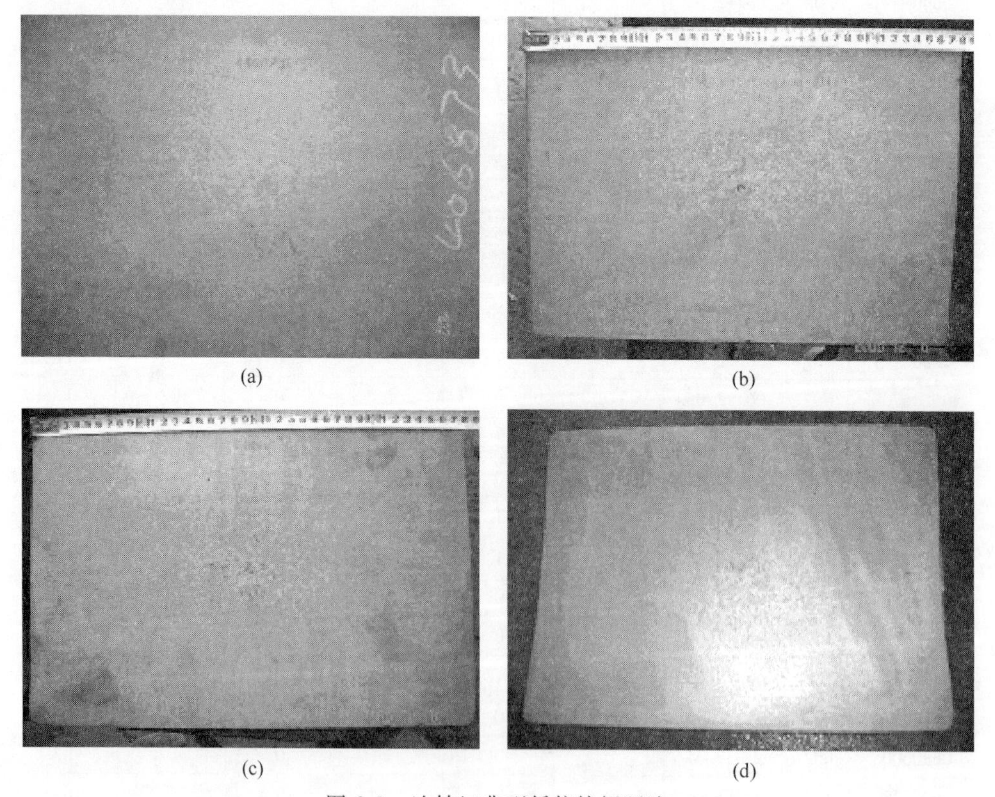

(a) (b) (c) (d)

图 6.3 连铸坯典型低倍特征照片

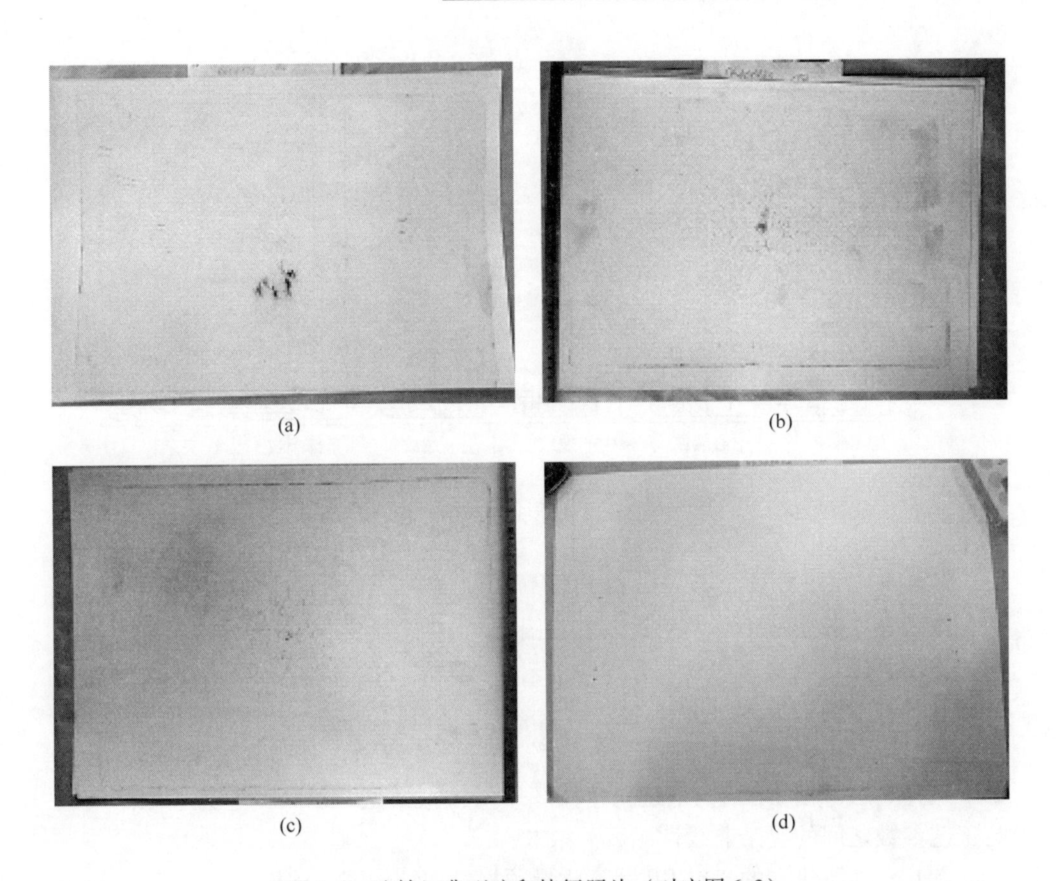

(a) (b)

(c) (d)

图6.4 连铸坯典型硫印特征照片（对应图6.3）

表6.4 连铸坯缺陷评级统计结果

等级	中心偏析	中心裂纹	中间裂纹	皮下裂纹	角部裂纹	夹杂物
0级	63	20	58	106	116	1
1级	37	71	38	7	1	109
2级	14	18	16	3	0	7
3级	3	8	5	1	0	0

该厂生产的连铸坯表面质量较好。对于内部缺陷，从硫印结果的统计情况看，角部裂纹、皮下裂纹、夹杂物等级较低，而中间裂纹、中心裂纹较严重的情况占有一定的比例。考虑到铸机的类型和未来浇注的钢种，本节在开发连铸坯质量预报系统时，先以中心偏析、中心裂纹和中间裂纹这3种内部缺陷为预测目标，当对这3种缺陷能够以较高的精度预报时，在随后的生产过程中随着数据信息的不断增加，利用神经网络拓扑结构的易扩展性，再开发针对其他缺陷类型，如表面缺陷、形状缺陷的综合质量预报系统。

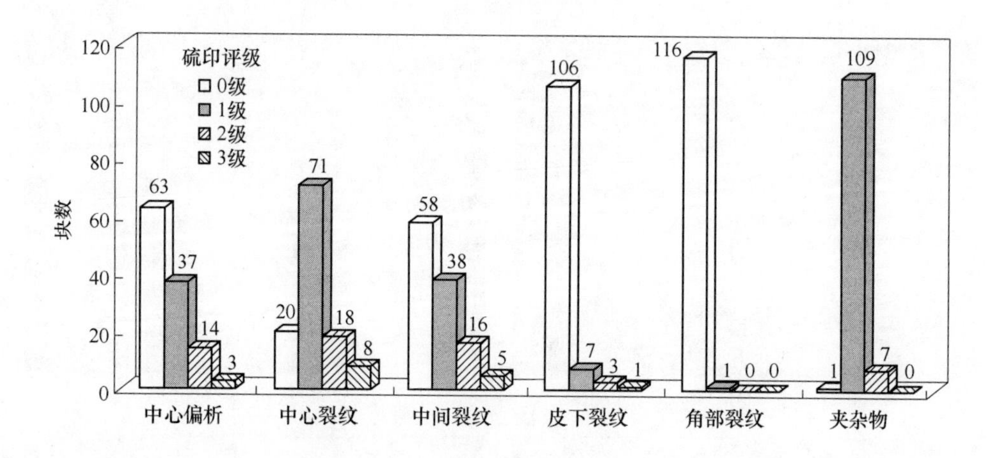

图 6.5 连铸坯硫印统计结果柱状图

6.3.2.2 网络类型及拓扑结构的确定

本节建立的质量预测模型是以中心偏析、中心裂纹和中间裂纹这 3 种内部缺陷为输出，以影响这 3 种缺陷的各种工艺参数为输入的多输入多输出神经网络系统，基础神经网络为 BP 网络。

由于带有 1 个隐含层的 3 层 BP 网络可以以任意精度逼近任何复杂的函数，本节选择 3 层 BP 网络结构来建立连铸坯质量预报模型，以获得连铸坯缺陷等级与工艺参数之间的复杂非线性函数关系。

图 6.6 为所建立的 3 层 BP 网络质量预报模型结构图，该模型由 3 部分组成：输入层、隐含层和输出层。

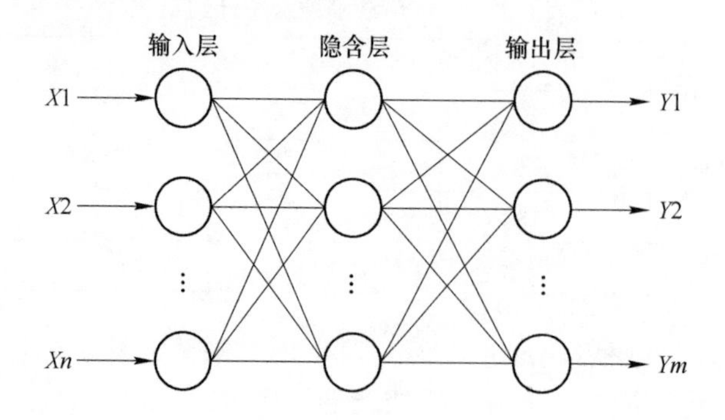

图 6.6 3 层 BP 网络结构图

6.3.2.3 输入层和输出层节点数的确定

输入向量的维数代表输入层的神经单元数，输出向量的维数就是输出层的单元数。这两个参数由建立的质量模型要实现的目标来确定。

对于输出层，本节主要针对大方坯常出现的中心偏析、中心裂纹和中间裂纹这3种内部缺陷来建立预测模型，所以输出层的节点数定为3，分别为*Y*1（中心偏析等级）、*Y*2（中间裂纹等级）、*Y*3（中心裂纹等级）。

对于输入层，其神经元数目就是对应于这3种缺陷的主要影响因素。从前面对连铸坯质量缺陷的影响因素的讨论以及实际生产过程的质量跟踪，发现影响上述3种内部质量的因素很多，包括钢种化学成分、设备因素以及各种工艺参数等。

表6.5列出了与这3种缺陷类型有关的各种因素。由于神经网络进行的是数值计算，它的输入必须是数值类型，而设备因素比如二冷区扇形段的辊子不转、磨损、变形以及辊缝值的变化情况，这些因素在连铸过程中无法实时获取，而且也很难用数值来准确描述，所以建立模型时，应首先假定连铸时设备处于良好的运行状态。这种情况下，缺陷的产生主要是由于化学成分以及各种工艺参数偏离了正常范围造成的。

表6.5 影响连铸坯内部缺陷的可能性因素

化学成分	设备因素	工艺参数	其他因素
碳含量 磷含量 硫含量 锰含量 氮含量 氧含量 铝含量 铌、钒、钛含量	辊子不对中 辊子偏心 夹辊不转 辊子磨损严重 辊子变形 辊缝不当	拉速 钢水过热度 中间包温度 钢包温度 电磁搅拌电流强度 比水量 各区水量分配系数 二冷区1~9回路水量 二冷水压 二冷水温 拉矫辊压力 轻压下量 压下区间 压下速率	过滤网损坏引起水质变差 喷嘴堵塞 喷嘴安装倾斜 喷嘴变形

由表6.5可知，影响这3种缺陷的工艺参数很多，它们中的有些参数之间是线性相关的，比如钢水过热度和中间包温度以及比水量与二冷区1~9号回路水量、各区水量分配系数之间都存在着明显的线性关系。在设计网络时，为了避免网络结构过于复杂易造成网络训练时间过长甚至不收敛，必须对这些参数进行选择和提取，从而降低输入向量的维数，避免大量的计算机开销，而且也有利于实现生产系统对这些参数的在线监测和采集。

根据冶金理论以及生产实践经验和该厂连铸大生产中的数据统计结果，最终确定了下列15个输入变量：二冷区各段水量（该铸机二冷区分为3个扇形段和9个冷却回路）、拉速、中间包温度、电磁搅拌电流强度、碳含量、磷含量、硫含量。输入输出向量的特征分别见表6.6和表6.7。

表6.6 神经网络的输入向量

输入节点	参数名称	输入节点	参数名称
X1	中间包温度	X9	二冷区4号回路水量
X2	拉速	X10	二冷区5号回路水量
X3	碳含量	X11	二冷区6号回路水量
X4	磷含量	X12	二冷区7号回路水量
X5	硫含量	X13	二冷区8号回路水量
X6	二冷区1号回路水量	X14	二冷区9号回路水量
X7	二冷区2号回路水量	X15	结晶器电磁搅拌强度
X8	二冷区3号回路水量		

表6.7 神经网络的输出向量

输 出 节 点	参 数 名 称
Y1	中心偏析等级
Y2	中间裂纹等级
Y3	中心裂纹等级

6.3.2.4 隐含层节点数的确定

对于隐含层节点数目的选择是一个十分复杂的问题，目前尚无理论上的指导，各类文献对此说法不一，给出的计算式计算结果相差甚远。根据Eberhart的书中阐述，称隐含层节点的选择是一种艺术，因为没有很好的解析式来表示，但是隐含层节点数目与问题的要求、输入输出单元多少都有直接的关系。事实证明，隐单元数太少的网络可能不能训练出来，或者网络不够“强壮”，不能识别以前没有看到的样本，容错性差；但隐单元数太多又使学习时间过长，误差也不一定最佳。常用的求隐节点数的经验公式有下列几种：

$$n_1 = \sqrt{n+m} + a \tag{6.1}$$

$$n_1 = \log_2 n \tag{6.2}$$

$$n_1 = \sqrt{0.43nm + 0.12mm + 2.45n + 0.51} \tag{6.3}$$

$$n_1 = \frac{p}{10(m+n)} \tag{6.4}$$

$$n_1 = \sqrt{nm} \tag{6.5}$$

式中 n_1——隐含层单元数；

m——输出单元数；

n——输入单元数；

a——1～10之间的常数；

p——训练文件中的样本数。

根据公式（6.1）再结合柔性隐节点数选用法（试凑法）用来求解最佳隐含层节点数。即将 $n=15$、$m=3$ 代入公式（6.1）计算出隐节点数的范围为5～14，然后在该范围内选取不同的隐含层单元数进行网络训练学习，在网络学习过程中观察权值、误差下降情况，直至确定出最佳的隐含层单元数。该方法的流程如图6.7所示。

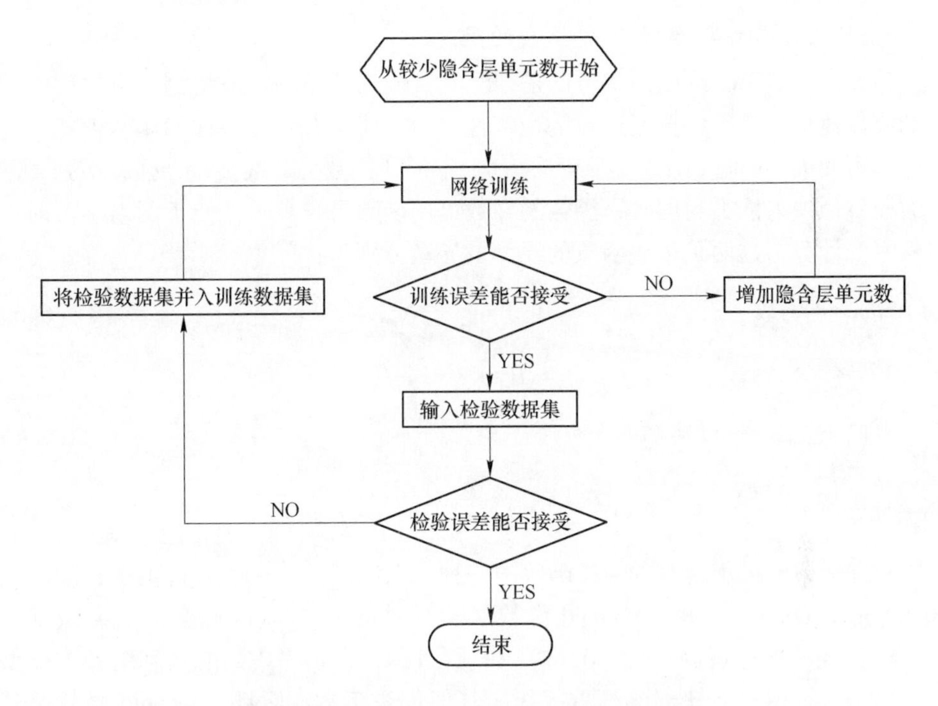

图6.7 BP网络隐节点数确定试凑法流程图

根据这种方法逐一试探，最终确定隐含层的最优单元数为10。

6.3.2.5 *初始权值和阈值的处理*

初始权值和阈值的选取一般是随机进行的，一个重要的要求是希望初始权值在输入累加时使每个神经元的状态值接近于0，这样可保证一开始不落到那些平坦区上，所以初始权值要求取得比较小，但是也不能太小，太小的初始权值会使收敛次数增加。此外，若收敛不成功，可重新赋一组初始权值，或许便可跳出局部极小值。本模型的初始权值和阈值是通过一个产生随机数的函数赋值的，其值是（0，1）之间的一个随机数。

6.3.2.6 学习速率的选择

学习速率决定着权值和阈值改变的幅度值，学习速率的值越大，权值和阈值的改变就越剧烈，网络收敛所需的迭代次数就越小，但可能会引起系统误差的振荡，使网络不能收敛到全局最优点。因此，学习速率值应在不导致系统误差振荡的前提下尽可能取较大的值，从而加快网络的收敛，减少网络学习的时间。处理方法是：网络开始训练时，由于误差较大，选择大的学习速率，加快网络的训练，节省训练时间；当误差下降到较低水平时，保存此时的权值和阈值，再设置较小的学习速率重新进行训练，确保系统误差平稳下降，使网络最终收敛到全局最优点。

6.3.2.7 网络神经元传递函数的确定

传递函数（Transfer function）是神经元对输入信号的响应机制，直接影响网络的收敛速度以及网络模型运行的稳定性。激励函数有各种各样的函数形式，其中连续可微的 Sigmoid 函数以及双曲正切 Sigmoid 函数的非线性特性强，增强了网络的非线性映射能力；同时，函数的导数可用函数自身表示，便于网络学习时误差信号的计算。这两种传递函数的原型及导数分别为：

Sigmoid 函数
$$f(s)=\frac{1}{1+e^{-s}} \tag{6.6}$$

其导数为
$$f'(s)=f(s)\cdot[1-f(s)] \tag{6.7}$$

双曲正切 Sigmoid 函数
$$f(s)=\frac{1-e^{-s}}{1+e^{-s}} \tag{6.8}$$

其导数为
$$f'(s)=\frac{1}{2}[1+f(s)]\cdot[1-f(s)] \tag{6.9}$$

建立的模型采用这两种传递函数的一种，在编制的软件中可自由选择。由式（6.6）~式（6.9）可知，Sigmoid 函数以及双曲正切 Sigmoid 函数的定义域都为（$-\infty$，$+\infty$），值域分别为（0，1）和（-1，1）。但考虑到所建网络预测模型的输出是 3 种连铸坯缺陷的严重等级，其值都是正数，而且，Sigmoid 函数及其导数都比双曲正切 Sigmoid 函数及其导数的形式要简单，计算更方便。所以，所建 3 层 BP 网络预测模型隐含层和输出层的传递函数都采用 Sigmoid 函数。

6.3.2.8 网络误差精度的确定

在网络模型的训练中，训练误差的选取非常重要。如果训练误差选得过小，需增加隐含层的节点数和训练时间，将会使训练过度，导致泛化性能很差。如果训练误差选得过大，又会导致训练不足，很难对实际问题建模。

进行网络训练时，在学习初期采用较大目标误差以加速学习，然后逐步减小目标误差以提高精度，其目标误差的取值范围 0.001 ~ 0.1。同时，监视样本的训练次数和训练误差，以在训练样本集的学习次数较少且检验样本集的预测可靠性较高情况下的权值和阈值作为神经网络的最终参数。

6.3.3　BP神经网络质量预测模型的获取

BP神经网络质量预测模型的获取过程即是BP网络的建模过程，如图6.8所示。它主要包括了解实际生产工艺、收集主要的工艺数据、从收集的工艺数据中提取网络所需训练样本和测试样本、对建立的网络模型进行训练和测试以及网络训练和测试达到令人满意的结果时输出网络模型这几个主要方面。

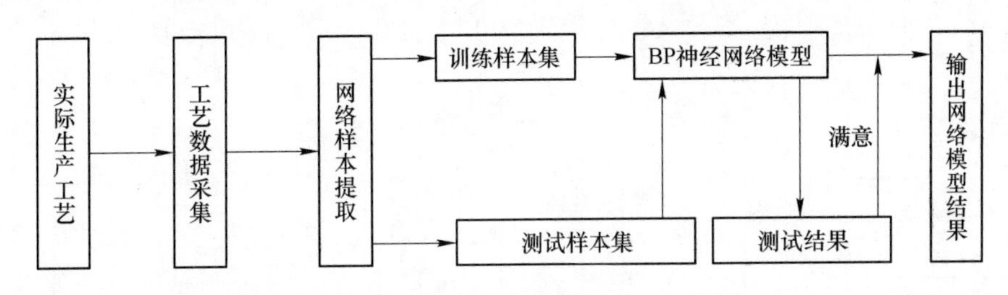

图6.8　BP网络的建模过程

6.3.3.1　样本的准备

学习样本对神经网络的应用成败至关重要，差的学习样本不但会导致网络的错误映射关系，而且可能会使网络的学习过程不收敛，因此，在选择学习样本时应格外注意。收集学习样本的一般原则是：样本应当具有代表性；样本应当尽可能体现输入输出关系，能起“以点代面”的作用。比如，选用特征突出的样本，只有通过具有代表性的学习样本训练出来的BP网络才能正确映射输入输出关系。

（1）样本应当具有广泛性。样本最好能提供神经网络各种情况下的输入，并给出相应的期望输出。样本的广泛性可使训练出来的神经网络具有较好的适应能力，而不至于它在某种场合适用，在另外一种情况下就无能为力了。

（2）样本应当具有紧凑性。学习样本除应具有广泛性外，还应当具有紧凑性。如果含有大量冗余成分的学习样本会导致网络学习过程收敛困难或不收敛；训练出来的网络会产生错误映射，使网络输出过多偏向冗余学习成分所形成的输出方向。

（3）样本应当具有代表性。样本应当尽可能体现输入输出关系，能起“以点代面”的作用。比如，选用特征突出的样本，只有通过具有代表性的学习样本训练出来的BP网络才能正确映射输入输出关系。

按照上面收集样本的三原则，从跟踪得到的连铸坯硫印情况、生产工艺记录以及生产记事录中来提取学习样本和测试样本。原始样本数据的格式见表6.8。每个样本包括输入向量各维对应的工艺参数以及相应输入的期望输出，即对应的缺陷类型。将样本的每一维称作模式（或称属性），从这个意义上讲，利用BP

表 6.8 原始样本数据的格式

模式 样本编号	中间包温度/℃	拉速/m·min^{-1}	碳含量(质量分数)/%	磷含量(质量分数)/%	硫含量(质量分数)/%	二冷1号回路水量/L·min^{-1}	二冷2号回路水量/L·min^{-1}	二冷3号回路水量/L·min^{-1}	二冷4号回路水量/L·min^{-1}	二冷5号回路水量/L·min^{-1}	二冷6号回路水量/L·min^{-1}	二冷7号回路水量/L·min^{-1}	二冷8号回路水量/L·min^{-1}	二冷9号回路水量/L·min^{-1}	电磁搅拌强度/A	中心偏析等级/级	中间裂纹等级/级	中心裂纹等级/级
1	1559	0.56	0.21	0.018	0.013	37.7	22.7	19.6	13.2	11.9	8.6	6.6	7.3	5.9	0.0	0	1	2
2	1577	0.45	0.22	0.018	0.023	29.0	14.7	12.4	9.6	8.6	6.3	4.7	5.3	4.2	0.0	2	1	2
3	1555	0.43	0.18	0.018	0.013	28.1	16.9	14.4	10.3	9.2	6.6	5.2	5.4	4.6	0.0	0	0	2
4	1566	0.40	0.18	0.019	0.010	28.6	17.9	15.1	10.4	9.3	6.9	5.8	6.0	4.5	0.0	1	1	2
5	1555	0.57	0.20	0.016	0.021	37.5	23.3	19.8	13.6	12.2	8.9	6.8	7.5	6.1	0.0	1	2	2
6	1565	0.50	0.22	0.016	0.012	34.2	21.1	18.2	12.5	11.2	8.1	6.0	6.7	5.5	0.0	1	1	2
7	1554	0.45	0.20	0.023	0.011	30.6	18.6	15.7	11.1	10.0	7.0	5.6	6.0	5.1	0.0	0	2	1
8	1545	0.51	0.18	0.016	0.010	34.9	21.4	18.0	12.5	11.1	8.1	6.1	6.7	5.5	0.0	0	2	1
9	1572	0.35	0.18	0.019	0.021	26.3	14.3	12.1	8.3	7.6	5.5	4.3	4.7	3.8	0.0	3	3	3
10	1550	0.51	0.18	0.017	0.020	33.9	20.8	18.2	12	10.8	7.9	6.0	6.6	5.4	0.0	0	0	2
11	1560	0.70	0.20	0.020	0.018	47.8	29.2	24.9	17.1	15.4	11.2	8.5	9.4	7.6	0.0	1	2	1
12	1539	0.71	0.21	0.015	0.027	48.0	29.0	24.7	17.1	15.4	11.0	8.5	9.4	7.7	0.0	0	3	1
13	1539	0.72	0.21	0.015	0.027	48.0	29.0	24.7	17.1	15.4	11.0	8.5	9.4	7.7	450	0	1	0
14	1545	0.66	0.19	0.014	0.023	44.8	27.0	23.2	16.9	14.3	10.3	8.0	8.8	7.2	450	0	1	0
15	1566	0.51	0.20	0.013	0.019	35.7	21.3	18.4	12.7	11.5	8.5	8.4	7.0	5.8	450	1	1	1
16	1543	0.65	0.18	0.016	0.016	41.9	26.1	21.7	17.4	12.9	9.7	7.3	7.4	5.1	448	0	0	0
17	1540	0.70	0.20	0.011	0.008	47.8	29.2	24.9	17.1	15.4	11.2	8.5	9.4	7.6	450	0	0	0
18	1545	0.7	0.20	0.014	0.020	48.7	29.5	25.0	19.2	15.6	11.2	8.7	10	7.8	570	0	0	0
19	1535	0.8	0.20	0.014	0.020	54.7	32.9	28.1	19.4	17.6	12.2	9.7	10.7	8.8	570	0	1	0
20	1563	0.42	0.16	0.017	0.021	39.4	23.8	20.2	13.9	12.4	9.0	6.9	7.6	6.4	570	1	0	0
21	1567	0.46	0.22	0.015	0.022	29.0	14.7	12.4	9.6	8.6	6.3	4.7	5.3	4.2	570	1	1	0
22	1548	0.77	0.20	0.018	0.022	51.6	31.3	26.5	18.4	16.6	11.8	9.1	10.1	8.2	570	0	1	1

神经网络进行质量预报的过程也是一种模式识别过程。

6.3.3.2 样本数据的预处理

由于神经元传递函数的定义域和值域的限制，即 Sigmoid 函数及双曲正切 Sigmoid 函数的定义域为（-∞，+∞），值域为（0，1）和（-1,1）。在自变量绝对值较大的情况下，函数值随着自变量的变化而变化较小，函数曲线趋于平坦，会使学习陷入瘫痪。另外，从表6.8可知，网络的各特征模式原始数据具有不同的量纲、大小差别很大、数据分布范围也不同，如果将其直接送入网络进行训练，可能由于数据平均值和方差不一样会产生夸大某些变量影响输出目标的作用或掩盖某些变量的贡献的不良后果。因此，为了保证样本数据的可比性，提高预测模型的可靠性及收敛速度，在进行训练之前必须对样本集中的数据进行归一化处理。归一化有很多方法，主要有最大最小值标准化方法和平均值及标准偏差标准化方法。通过比较，本节选用第一种方法，如式（6.10）所示，标准化后的结果使得输入输出数据都转化为介于0~1之间的无量纲数据。

$$\chi_i' = \frac{\chi_i - \chi_{min}}{\chi_{max} - \chi_{min}} \tag{6.10}$$

式中 χ_i'——标准化后的原始输入数据；

χ_i——原始输入数据；

χ_{max}——该组变量数据变化范围的最大值；

χ_{min}——该组变量数据变化范围的最小值。

以输出向量为例来说明，输出向量维数为3，分别代表中心偏析、中心裂纹和中间裂纹的等级。这3种缺陷的严重等级是根据《优质结构钢连铸坯低倍组织缺陷评级图（YB/T 153—2015）的标准评级图片与连铸坯实物硫印片对比得到的。YB/T 153—2015 标准将这3种缺陷划分为0~4级共5个等级。如果一个样本中输出向量中心偏析、中心裂纹和中间裂纹的严重等级分别为0、2和3级，按上述归一化处理后的结果则分别为0、0.5、0.75。样本各维都如此处理，便可得到归一化处理后的样本数据格式，见表6.9。

质量预测时，归一化处理后的输入向量传入网络并经前向计算最终得到的网络输出为0~1之间的数。这些数字不仅枯燥无味，而且又不容易表现输出结果的本质特征。所以，还要将这些输出结果还原为人们容易识别的具有明显物理意义的本来面貌。这个处理过程称为逆归一化处理。逆归一化处理公式由公式（6.10）得到：

$$\chi_i = \chi_i'(\chi_{max} - \chi_{min}) + \chi_{min} \tag{6.11}$$

例如，进行质量预测时，输入向量先进行归一化处理并传入网络前向计算得到网络的输出为0.25、0.75、1.00；然后调用逆归一化处理公式（6.11）将其还原为熟悉的缺陷等级1、3、4级，即此时预测的连铸坯中心偏析、中心裂纹和

表 6.9 归一化处理后的样本数据格式

样本编号 \ 模式	中间包温度/℃	拉速/m·min^{-1}	碳含量（质量分数）/%	磷含量（质量分数）/%	硫含量（质量分数）/%	二冷1号回路水量/L·min^{-1}	二冷2号回路水量/L·min^{-1}	二冷3号回路水量/L·min^{-1}	二冷4号回路水量/L·min^{-1}	二冷5号回路水量/L·min^{-1}	二冷6号回路水量/L·min^{-1}	二冷7号回路水量/L·min^{-1}	二冷8号回路水量/L·min^{-1}	二冷9号回路水量/L·min^{-1}	电磁搅拌强度/A	中心偏析等级/级	中间裂纹等级/级	中心裂纹等级/级
1	0.571	0.564	0.714	0.583	0.208	0.401	0.452	0.469	0.441	0.430	0.463	0.426	0.433	0.420	0.000	0.00	0.25	0.50
2	1.000	0.364	0.857	0.583	0.625	0.095	0.022	0.019	0.117	0.100	0.119	0.074	0.100	0.080	0.000	0.50	0.25	0.50
3	0.476	0.327	0.286	0.583	0.208	0.063	0.140	0.144	0.180	0.160	0.164	0.167	0.117	0.160	0.000	0.00	0.00	0.50
4	0.738	0.273	0.286	0.667	0.083	0.081	0.194	0.188	0.189	0.170	0.209	0.278	0.217	0.140	0.000	0.25	0.25	0.50
5	0.476	0.582	0.571	0.417	0.542	0.394	0.484	0.481	0.477	0.460	0.507	0.463	0.467	0.460	0.000	0.25	0.50	0.50
6	0.714	0.455	0.857	0.417	0.167	0.278	0.366	0.381	0.378	0.360	0.388	0.315	0.333	0.340	0.000	0.25	0.25	0.50
7	0.452	0.364	0.571	1.000	0.125	0.151	0.231	0.225	0.252	0.240	0.224	0.241	0.217	0.260	0.000	0.00	0.50	0.25
8	0.238	0.473	0.286	0.417	0.083	0.303	0.382	0.369	0.378	0.350	0.388	0.333	0.333	0.340	0.000	0.00	0.50	0.25
9	0.881	0.182	0.286	0.667	0.542	0.000	0.000	0.000	0.000	0.000	0.000	0.000	0.000	0.000	0.000	0.75	0.75	0.75
10	0.357	0.473	0.286	0.500	0.500	0.268	0.349	0.381	0.333	0.320	0.358	0.315	0.317	0.320	0.000	0.00	0.00	0.50
11	0.595	0.818	0.571	0.750	0.417	0.757	0.801	0.800	0.793	0.780	0.851	0.778	0.783	0.760	0.000	0.25	0.50	0.25
12	0.095	0.836	0.714	0.333	0.792	0.764	0.790	0.788	0.793	0.780	0.821	0.778	0.783	0.780	0.000	0.00	0.75	0.25
13	0.095	0.855	0.714	0.333	0.792	0.764	0.790	0.788	0.793	0.780	0.821	0.778	0.783	0.780	0.776	0.00	0.25	0.00
14	0.238	0.745	0.429	0.250	0.625	0.651	0.683	0.694	0.775	0.670	0.716	0.685	0.683	0.680	0.776	0.00	0.25	0.00
15	0.738	0.473	0.571	0.167	0.458	0.331	0.376	0.394	0.396	0.390	0.448	0.759	0.383	0.400	0.776	0.25	0.25	0.25
16	0.190	0.727	0.286	0.417	0.333	0.549	0.634	0.600	0.820	0.530	0.627	0.556	0.450	0.260	0.772	0.00	0.00	0.00
17	0.119	0.818	0.571	0.000	0.000	0.757	0.801	0.800	0.793	0.780	0.851	0.778	0.783	0.760	0.776	0.00	0.00	0.00
18	0.238	0.818	0.571	0.250	0.500	0.789	0.817	0.806	0.982	0.800	0.851	0.815	0.883	0.800	0.983	0.00	0.00	0.00
19	0.000	1.000	0.571	0.250	0.500	1.000	1.000	1.000	1.000	1.000	1.000	1.000	1.000	1.000	0.983	0.00	0.25	0.00
20	0.667	0.309	0.000	0.500	0.542	0.461	0.511	0.506	0.505	0.480	0.522	0.481	0.483	0.520	0.983	0.25	0.00	0.00
21	0.762	0.382	0.857	0.333	0.583	0.095	0.022	0.019	0.117	0.100	0.119	0.074	0.100	0.080	0.983	0.25	0.25	0.00
22	0.310	0.945	0.571	0.583	0.583	0.891	0.914	0.900	0.910	0.900	0.940	0.889	0.900	0.880	0.983	0.00	0.25	0.25

中间裂纹的严重程度分别为1、3、4级。

6.3.3.3 网络训练

网络训练过程就是调整网络中神经元之间的连接权值和神经元的阈值，直到训练样本的输入值对应的输出与实际输出之间的误差满足要求为止。模型以BP算法对训练样本进行网络训练，网络权值和阈值调整公式分别为：

$$\begin{cases}\Delta w_{jk} = \eta O_j\delta_k = \eta O_j(D_k - Y_k)Y_k(1 - Y_k) \\ \Delta w_{ij} = \eta X_i\delta_j = \eta(\sum_{k=1}^{m}\delta_k w_{jk})O_j(1 - O_j)X_i\end{cases} \tag{6.12}$$

$$\begin{cases}\Delta\theta_k = \eta\delta_k = \eta(D_k - Y_k)Y_k(1 - Y_k) \\ \Delta\theta_j = \eta_i\delta_j = \eta(\sum_{k=1}^{m}\delta_k w_{jk})O_j(1 - O_j)\end{cases} \tag{6.13}$$

式中 X_i——输出 n 维向量；

Y_k——输出 m 维向量；

D_k——目标输出向量；

θ_k——输出层各单元的阈值；

θ_j——隐含层各单元的阈值；

δ_k——输出层各单元的误差信号；

δ_j——隐含层各单元的误差信号；

O_j——隐含层各单元的输出值；

w_{ij}——输入层至隐含层的连接权值；

w_{jk}——隐含层至输出层的连接权值；

η——比例因子。

从权值和阈值调整公式（6.12）和公式（6.13）可以看出：

（1）调整量与误差成正比，即误差越大，调整的幅度就越大。

（2）调整量与输入值的大小成正比，这是由于输入值越大，在这次学习过程中就显得越活跃，所以与其相连的权值的调整幅度就应该越大。

（3）调整量与学习速率系数 η 成正比，即学习速率 η 越大，权值阈值调整的幅度就越大。通常学习速率 η 的值在0.1~0.8之间，在网络训练时根据具体情况灵活选取。

网络训练过程的主要步骤可简要归纳如下：

（1）按程序的提示分别输入3层BP网络各层的神经元数15、10、3。

（2）选择隐含层及输出层神经元的传递函数：Sigmoid函数或双曲正切Sigmoid函数。

（3）输入网络的学习速率以及训练的次数和网络期望达到的误差精度。

（4）给网络的连接权值和神经元阈值初始化。给所有权值和阈值赋以在

（0，1）上分布的随机数。

（5）读取样本文件中的样本数据，由输入层开始经隐含层逐层处理后传入输出层。

（6）前向计算出输出层各神经元的网络输出，并与样本的目标输出对比得到误差信号，根据误差信号不断修改各层之间的连接权值和阈值。

（7）不断读取样本数据进行反复学习，直到达到规定的学习次数或误差精度要求为止。

（8）学习完成后，保存得到的网络结构文件即 BP 网络各层之间的连接权值和阈值。

网络训练时采用的学习方式分为逐个处理和成批处理两种方式。逐个处理就是随机依次输入样本，每输入一个样本都根据输出误差进行连接权值的调整。这种“个人主义”学习方式训练时所需的计算机存储单元数量少，但由于每输入一个样本都进行权值的调整可能会使相邻各次的调整向相反的方向进行，从而使网络的整体误差永远也达不到较小的水平，所以这种学习方式一般情况下应使学习速率足够小，以保证每次训练结束时，权值的总体变化充分接近于使误差沿下降速度最快的方向进行。这种学习方式的主要缺点就是学习速度慢。成批处理则是在所有样本输入后计算其总误差，然后根据这个总误差信号再进行权值的调整。在理论上，这种学习方式能使权值的变化沿误差下降速度最快的方向进行，但需要较多的计算机存储数据单元。其优点是学习速度较快。

本节训练时采用成批处理的学习方式，即所有样本输入完成后计算系统的总误差，然后调整一次权值和阈值。这种调整方式全面兼顾了所有神经元之间的权值和阈值变化向系统总误差减少的方向进行，可以加速网络的学习。另外，学习过程中为了使网络训练能够达到较高的学习精度，还采用了变学习速率的方法。即在学习前期可选择较大的学习速率，加速网络的收敛；当学习一定次数后，误差下降变得平缓，此时调整学习速率为较小的值防止网络振荡跳过全局最优点，从而使网络的总误差达到最小。下面分别对固定学习速率和变学习速率的学习方法进行分析讨论。

A 固定学习速率

所谓固定学习速率就是该方法在网络的整个学习过程中，自始至终采用一个固定不变的学习速率来不断调整各层的连接权值和阈值。该方法的缺点是：若设置的学习速率过大，网络权值调整剧烈，网络误差有可能出现振荡，从而跳过全局最优点，致使网络学习不收敛或得不到最优的网络参数。所以，为了使网络收敛，必须设置较小的学习速率，但若设置的学习速率过小，又会造成误差下降慢、学习次数多、学习时间过长的不良后果。图 6.9 ~ 图 6.12 分别是学习速率为

0.5、0.3、0.15、0.05 时的网络学习曲线。由图 6.9 可以看出，当采用较大的学习速率 0.5 时，网络剧烈振荡，致使网络学习不收敛；当降低学习速率到图 6.10 的 0.3 时，网络也出现了振荡，但振荡幅度比图 6.9 明显降低，而且，随着网络学习过程的进行，系统误差下降，网络呈现出收敛的趋势。图 6.11 为继续降低学习速率到 0.15 时的学习情况，由图可以看出，系统误差下降较快，网络学习向收敛的方向进行。从图 6.12 可知，当采用较小的学习速率 0.05 时，随着网络学习过程的进行，系统误差平稳下降，网络收敛趋势十分显著，但误差下降的幅度很小。在这种情况下，要达到设定的训练误差精度，就需要很多的学习次数和较长的学习时间。

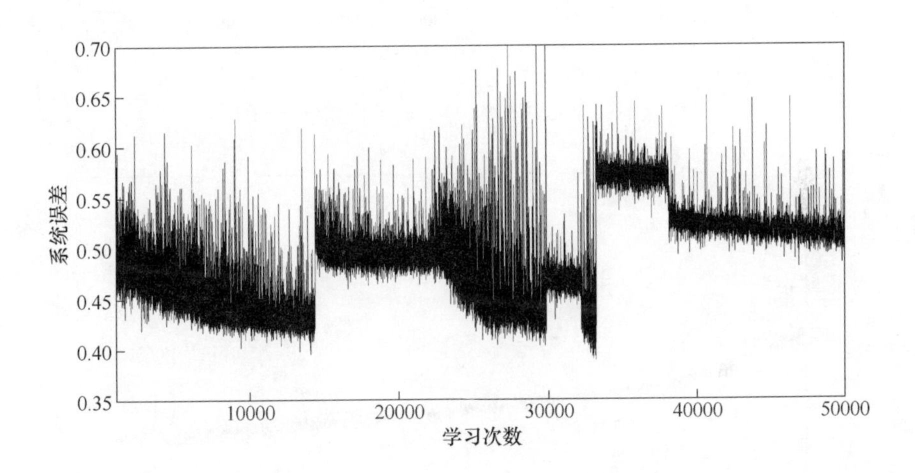

图 6.9 学习速率为 0.5 时的网络学习曲线

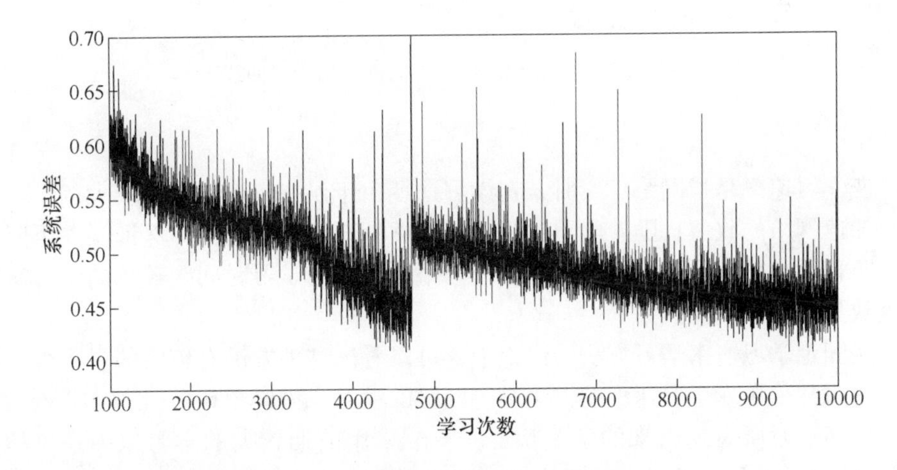

图 6.10 学习速率为 0.3 时的网络学习曲线

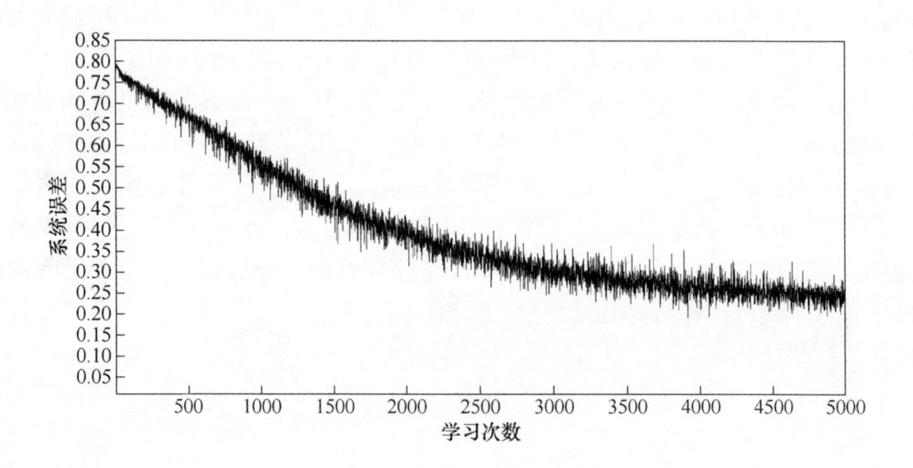

图 6.11 学习速率为 0.15 时的网络学习曲线

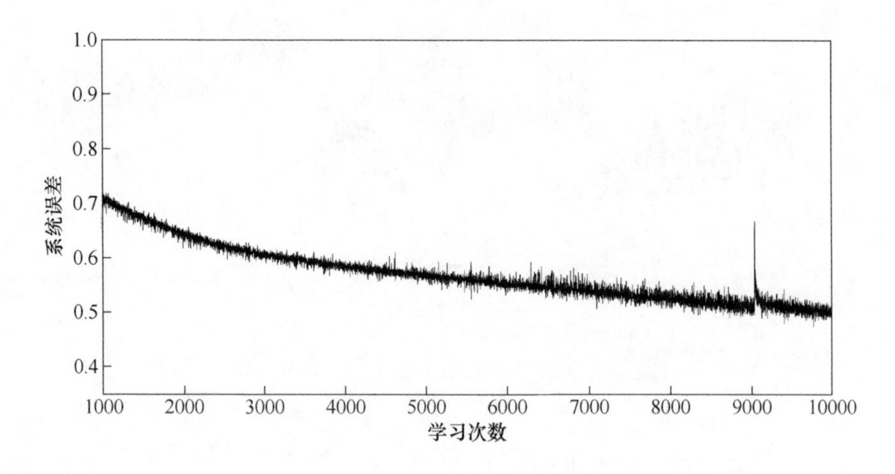

图 6.12 学习速率为 0.05 时的网络学习曲线

B 变学习速率

变学习速率是指网络学习时，在学习前期由于误差较大，选取较大的学习速率，加速网络的收敛；随着学习过程的进行逐渐减小其值，从而保证误差下降平缓以防止网络振荡跳过全局最优点，使网络在较短的学习时间、较少的学习次数下收敛到全局最优点。

从固定学习速率学习方法的讨论中，可以看出这种方法有较大的局限性。所以训练时常采用变学习速率的方法进行网络的学习。借鉴图 6.9 ~ 图 6.12 不同学习速率训练时所表现出来的学习特征，本节采用前期较大的学习速率 0.3 学习 9.5 万次来加速网络收敛，然后为避免网络振荡而跳过全局最优点，调整学习速率为较小的值 0.05 再继续学习，总共学习 30 万次的结果如图 6.13 所示。由图

6.13 可以看出，随着学习次数的不断增加，网络误差最终接近0.08，达到了较好的学习精度（不超过0.1）。

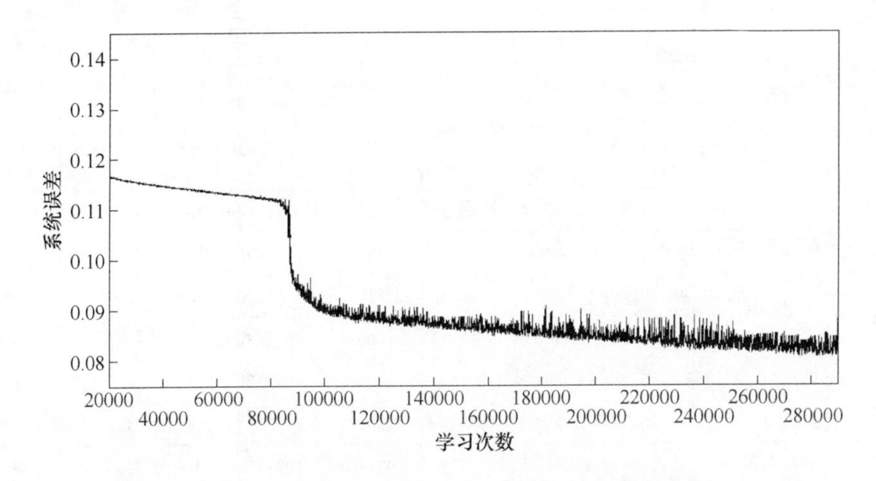

图6.13 变学习速率（前期0.3、后期0.05）时的网络学习曲线

6.3.3.4 BP网络结果的输出

当网络的训练误差已经达到了要求的误差精度时，就结束网络的整个学习过程，保存训练得到的网络结果，即各层神经元之间的连接权值和阈值，分别见表6.10～表6.12。这些连接权值和阈值就体现了样本数据中蕴含的连铸坯缺陷产生的规律性知识，即连铸过程中的各种工艺参数与连铸坯缺陷等级之间的非线性关系。神经网络连铸坯质量预测模型就是利用这种智能方式自动获取知识，很好地解决了建立专家系统时的知识获取困难这一瓶颈问题。

表6.10 输出层与隐含层节点之间的权值

输出层节点	隐含层节点									
	1	2	3	4	5	6	7	8	9	10
1	-0.779382	-1.750810	-0.832174	-0.901825	-0.893455	0.726465	-0.034250	-1.362410	-0.225321	-1.600710
2	0.757954	1.018720	-4.275320	0.751341	3.464750	-4.633560	-5.209170	-7.514840	0.175250	3.320430
3	0.805126	1.140600	-1.677810	-2.405290	3.361220	-1.447930	-2.886780	-2.966720	0.840858	2.925280

表6.11 输入层与隐含层节点之间的权值

输入层节点	隐含层节点									
	1	2	3	4	5	6	7	8	9	10
1	-0.996320	1.215340	-3.557330	-20.55230	4.854350	5.866320	-7.500500	-8.036770	-0.577010	-0.442067

续表 6.11

输入层节点	隐含层节点									
	1	2	3	4	5	6	7	8	9	10
2	0.516308	1.490150	1.576040	6.690310	-0.077817	-4.886940	-1.579330	-0.014064	0.261619	0.241371
3	0.733755	-6.444510	-4.533320	4.035560	-6.269630	-16.01930	5.016770	4.001880	0.818792	-0.445263
4	-0.170907	-9.929200	-0.124957	11.642800	3.184680	-13.58600	-7.216520	-1.195910	0.885483	-0.707733
5	-0.863590	-0.589913	1.053750	-2.685440	-0.463293	-0.003217	1.037230	0.715912	-0.187304	-0.304282
6	-0.511823	5.140450	3.224810	3.445980	1.358120	9.375990	-3.118530	7.439620	0.742595	-1.464630
7	0.499007	4.894210	-2.102930	6.344230	0.984681	6.552080	-2.362910	1.594860	0.748045	0.638385
8	0.009673	3.428590	-2.399690	-3.886790	1.845150	2.916030	-1.035790	0.834161	-0.876285	0.693026
9	0.165336	-0.281131	-1.453220	-1.299820	1.871570	3.872410	-1.075010	2.534250	0.212927	-0.171870
10	-0.835078	-0.706935	-1.204350	-2.467880	-0.509960	-5.852160	0.526205	0.990869	-0.663774	0.458589
11	-0.437600	0.521864	1.912570	2.794580	-1.583810	7.437480	-0.021523	-0.383975	-0.776939	0.488536
12	0.509142	7.459400	-5.536310	6.794610	2.145860	-0.232335	-5.284220	2.238780	0.519594	0.028932
13	-0.302052	4.714020	-2.852030	0.346244	1.165500	3.667980	-3.786980	0.563393	0.511771	0.211160
14	0.788611	3.249190	-3.203000	-0.989820	2.208640	1.718210	-2.639310	2.634700	-0.621675	-0.257220
15	-0.192839	0.173269	0.289260	-0.210560	0.026922	0.046689	0.427253	0.840985	-0.565178	-0.765844

表 6.12 输出层、隐含层节点的阈值

节点	1	2	3	4	5	6	7	8	9	10
隐含层	-0.43120	-3.82250	2.56868	-5.24070	-1.93878	-3.75004	2.58269	-1.16731	0.26372	0.12541
输出层	-3.25833	3.33112	1.08816							

神经网络连铸坯质量预测模型所获取的输入输出变量之间的非线性函数关系不像传统数学模型那样具有明确的数学表达式，它的这种非线性关系通过网络的拓扑结构分布在各层节点之间的连接权值上，由一组大小不同的数字组成。这种隐性知识表达方式的缺点是不直观，不像专家系统的“IF（条件…），THEN（…结论）”的产生式知识规则那样容易理解记忆，使人很难从这组数字中直接看出工艺参数与缺陷等级之间的明确因果关系，这就是神经网络处理的“黑箱”特征。

6.3.4 连铸坯质量预测系统的开发

6.3.4.1 连铸坯质量预测系统的整体结构

连铸坯质量预测系统实质上就是采用训练好的3层BP神经网络模型来实现对连铸坯质量进行在线评估，因而要涉及大量的网络训练样本和网络权值、阈值、预报结果以及与钢种有关的工艺数据，故本系统可分为两大块：应用部分和数据库部分。数据库部分用来存放训练网络用的训练样本集、测试网络用的测试样本集、训练好的网络单元之间的连接权值、阈值、连铸机所生产钢种的相关工艺数据，更重要的是保存在线预报时产生的预报结果。而应用部分又可分为系统的维护、质量预报。系统维护包括样本维护（包括样本集中样本的查询、修改、删除、增加）和网络训练，系统维护的主要功能是随着连铸生产的不断进行，所生产的钢种范围可能发生了变化，工艺结构可能发生了调整，这时为了保证建立的网络模型还能够使用并且还具有较高的预报精度，必须向样本集中增加新的产品样本来丰富和完善样本集，再重新训练网络，更新网络的连接权值和阈值。质量预报模块是该系统的核心功能，是用户最终要求实现的功能，也是本系统的最终目的。预报的实质就是将连铸生产过程中采集的各种工艺参数（将其归一化处理后）送入网络的相应输入单元中，利用训练好的神经网络的前向计算得到连铸坯缺陷的产生情况。本节开发的连铸坯质量预测系统整体结构如图6.14所示。本系统利用功能强大的面向对象的编程语言Visual C++ 6.0，采用模块化方式开发了相应软件，数据的存储、调用等后台管理功能由SQL Server数据库来完成。

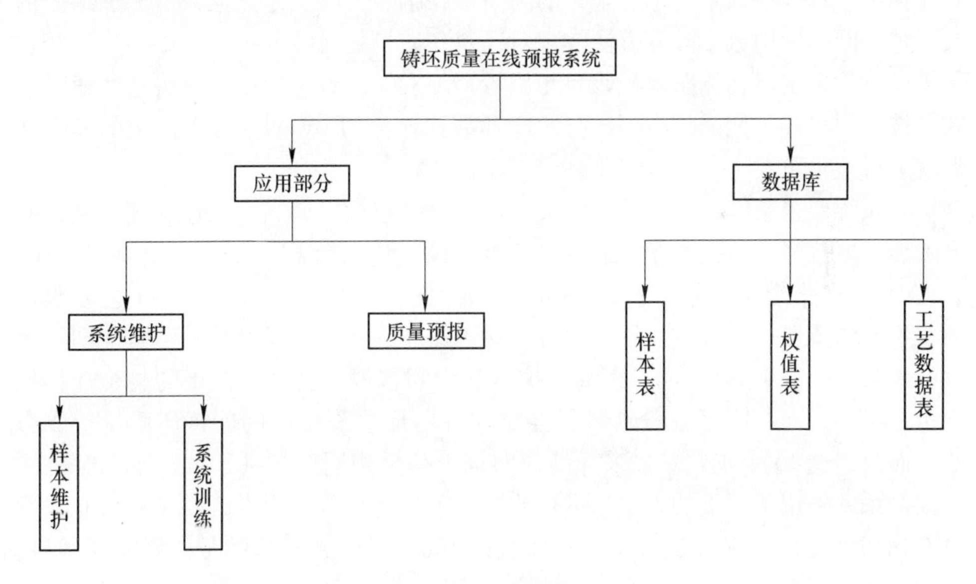

图6.14 连铸坯质量预报系统结构图

6.3.4.2 网络训练模块的开发

网络训练模块是连铸坯质量预测系统非常重要的组成部分，它为质量预报模块提供必需的网络结构文件，即网络各层神经元之间的连接权值和阈值，是实现质量预报的基础。由于连铸坯质量缺陷种类繁多，全面的缺陷预测系统是一个工作量大、开发周期长、容量十分丰富的系统。为了缩短开发周期，本节主要针对连铸坯中心偏析、中间裂纹以及中心裂纹3种内部质量缺陷构建网络，但为了拓展该系统的预报应用范围，即为了以后该系统也能够实现对其他缺陷的预报（比如表面缺陷和形状缺陷），在编制网络训练模块时，将BP网络构建及训练部分开发成了一个通用的网络开发平台，用户只要按照开发平台程序的提示，输入相应的网络结构参数及样本文件进行训练就可得到想要的BP网络，从而很容易地实现该系统预报功能的扩展。网络开发平台的程序流程如图6.15所示。网络开发平台程序的运行界面如图6.16所示。

6.3.4.3 样本维护模块的开发

样本维护模块的目的就是为网络训练和测试提供所需的训练样本和测试样本以及随后系统功能优化和扩展时完成对样本的增加、修改、删除和查询的操作。样本存放在SQL Server数据库中，利用Visual C++开发的连铸坯质量预报系统应用程序对数据库中的样本数据进行操作。

6.3.4.4 数据采/收集模块的开发

本节建立的连铸坯质量预报系统避开对复杂的连铸凝固机理的研究，主要依靠连铸生产过程中大量传感器采集的与质量缺陷有关的工艺数据，借助训练好的人工神经网络利用数学计算方法实现对连铸坯质量的在线预报。所以，开发数据采集模块用来进行物流跟踪、收集与质量缺陷有关的工艺数据，并将这些通过传感器按不同采样周期采样得到的时间序列数据转换为BP网络可以使用的输入数据就显得非常重要了。

本系统要采集的与质量缺陷有关的工艺数据包括拉速、中间包温度、结晶器电磁搅拌电流强度、钢水化学成分（主要是碳含量、磷含量、硫含量）以及二冷区1~9号回路冷却水量共15个参数。在连铸生产过程中，这15个工艺参数都会在不同的位置或区域、以不同的方式对连铸坯的质量造成不同的影响（即每个过程参数都有一个影响区）。例如，拉速和中间包温度会对铸流中的整个连铸坯质量有影响，而二冷区各段水量只会对在各扇形段长度内的连铸坯质量造成影响。而且，这15个工艺参数采样的周期也不完全相同。在进行数据跟踪时该质量预报系统采用了如下的方法来进行数据采集：将每流中的连铸坯（从结晶器弯月面到切割点）分成很多切片（每片长约100mm），并一一编号。浇注开始后，系统追随物流跟踪，从切片在弯月面产生开始一直到切割点，将每个过程参数分配到各自发生作用的部位并详细记载，这样切割结束后，定尺铸坯就包含有其开始和结束的切片范围内的所有切片的时间序列数据。以拉速为例来说明，设t时刻从弯月面产生一长为100mm的切片，该切片依次经过结晶器、足辊区、各个二冷区、空冷辐射区、拉矫区直至到达切割点，这个过程持续的时间假定为30min，若拉速的采样周期Δt为5s/次，则拉速的时间序列就包含有360个拉速

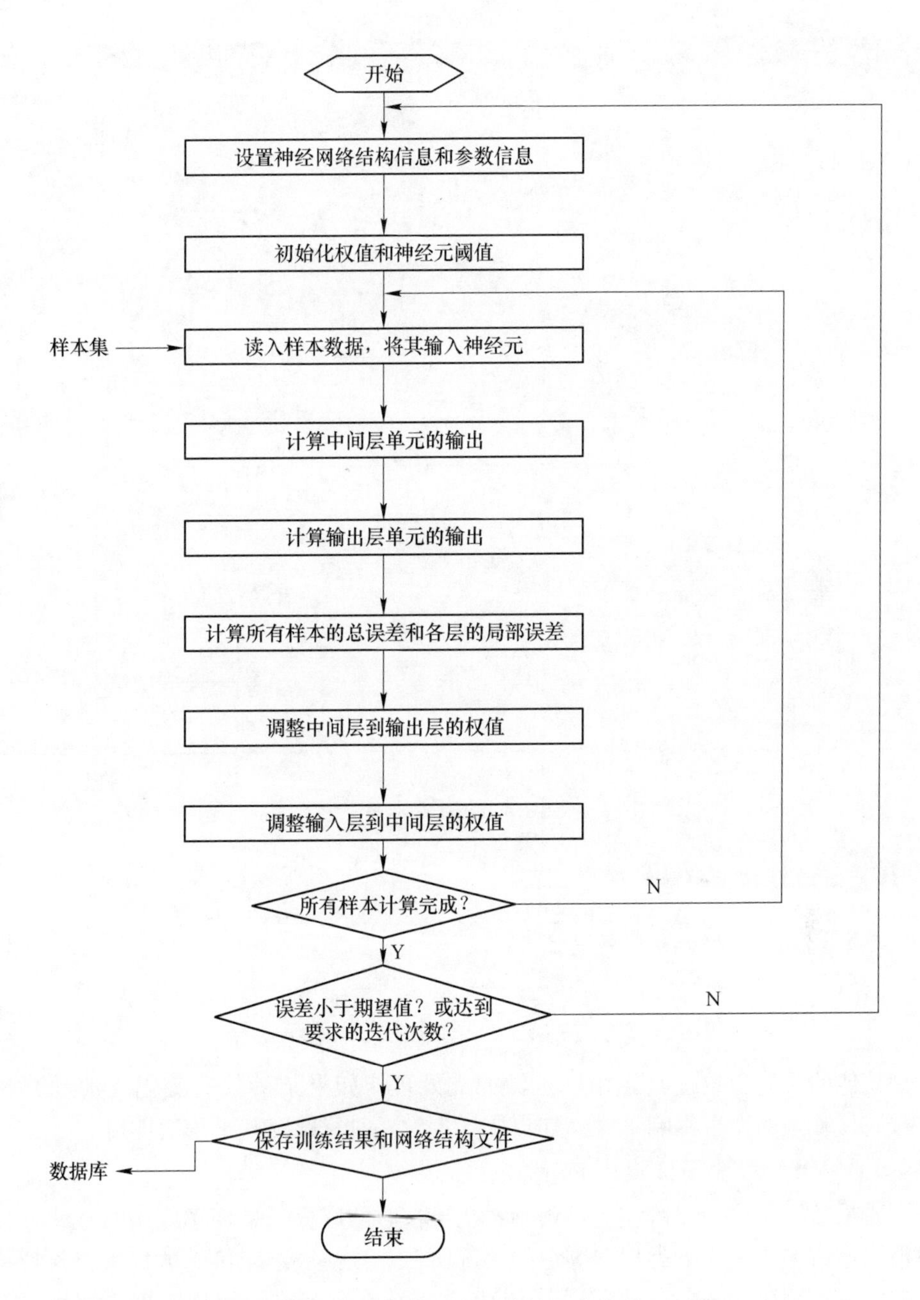

图 6.15 网络开发平台的程序流程

数据，该时间序列可表示为：

$$X(t) = x(t+\Delta t), x(t+2\Delta t), \cdots, x(t+360\Delta t) \tag{6.14}$$

则与拉速有关的样本模式可由时间序列式（6.14）通过式（6.15）和式

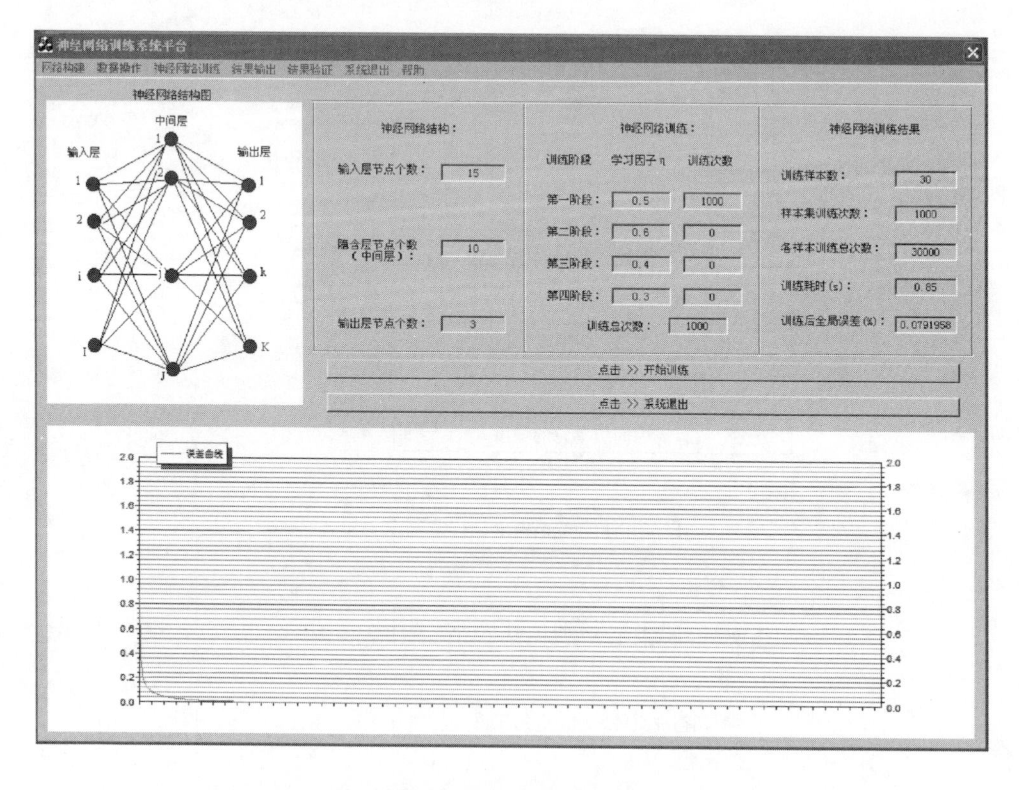

图 6.16 神经网络开发平台程序的运行界面

（6.16）的统计计算方法转换得到：

$$m_{平均值} = \frac{1}{360}\sum_{i=1}^{360} x(t + i\Delta t) \tag{6.15}$$

$$m_{标准差} = \sqrt{\frac{1}{359}\sum_{i=1}^{360}\left[x(t + i\Delta t) - m_{平均值}\right]^2} \tag{6.16}$$

其他的工艺参数按其作用域也做如此处理，如果某参数的变化（波动）情况对质量缺陷的产生影响不大，在提取样本模式时只跟踪其平均值即可。

6.3.4.5 质量预报模块的开发

质量预报模块是连铸坯质量预测系统最核心的部分，是现场应用时在线运行预报出连铸坯质量缺陷类型和等级的关键所在。该模块定期接受数据采集模块提供的每一预测单元——连铸坯段（切片）的与质量有关的信息数据，调用已经训练得到的网络权值和阈值，将输入信息由网络输入层传入并经过隐含层前向计算最终计算出输出层的输出，输出层的输出逆归一化处理后便得到了连铸坯的3种缺陷类型的等级。连铸坯质量预报模块的应用流程如图6.17所示。

连铸坯质量预测系统初始运行界面主菜单栏上的“网络”菜单，选择“铸

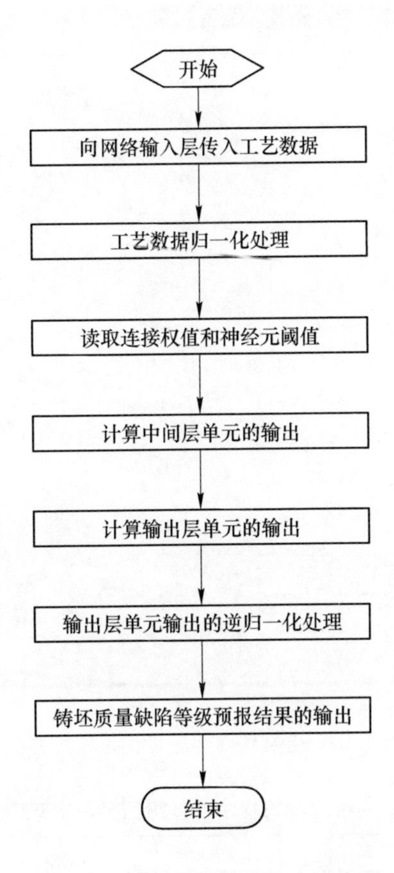

图 6.17 质量预报模块的应用流程

坯质量预报”菜单项，便打开了连铸坯内部质量预报模块的界面，如图 6.18 所示。该模块不断预测出各个预测单元（即各个切片）的质量，当定尺切割完成后，该定尺连铸坯的质量缺陷等级也就确定了。预报的缺陷等级结果出来后，该模块便将每一块定尺连铸坯的代码（由炉号和坯号组成）以及缺陷等级保存到数据库中，以备工艺技术人员或质检人员进行质量分析使用。

6.3.5 系统测试和结果分析

本节利用大方坯连铸机真实的生产数据模拟实际生产系统，并对预测模型进行了仿真实验。仿真实验中利用 25 组学习样本的实际值与网络预报值进行了对比，对比情况如表 6.13、图 6.19 ~ 图 6.21 所示。另外，还利用学习样本集以外的没有参加过网络训练的 20 组新样本组成测试集对网络模型的性能，即泛化能力（神经网络识别新样本的能力）进行验证。测试集 20 组样本的实际值和预报值对比情况如表 6.14、图 6.22 ~ 图 6.24 所示。

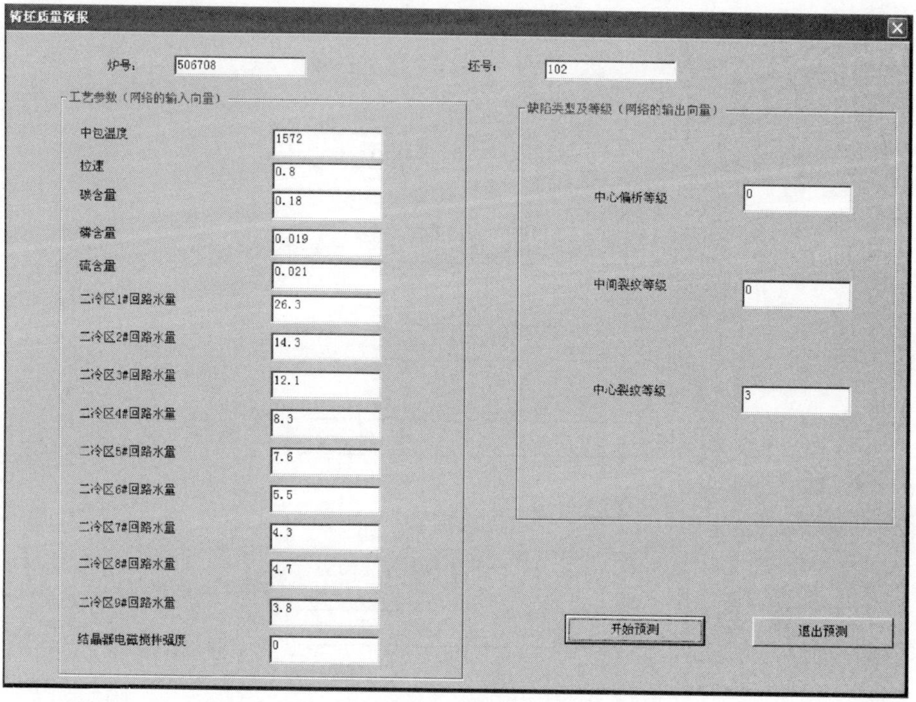

铸坯质量预报

炉号： 506708

坯号： 102

工艺参数（网络的输入向量）

中包温度 1572

拉速 0.8

碳含量 0.18

磷含量 0.019

硫含量 0.021

二冷区1#回路水量 26.3

二冷区2#回路水量 14.3

二冷区3#回路水量 12.1

二冷区4#回路水量 8.3

二冷区5#回路水量 7.6

二冷区6#回路水量 5.5

二冷区7#回路水量 4.3

二冷区8#回路水量 4.7

二冷区9#回路水量 3.8

结晶器电磁搅拌强度 0

缺陷类型及等级（网络的输出向量）

中心偏析等级 0

中间裂纹等级 0

中心裂纹等级 3

开始预测

退出预测

图 6.18 连铸坯内部质量预报模块界面

表 6.13 网络对学习样本的预报结果与实际值的比较

样本编号	$Y1$ 实际值	$Y1$ 预报值	$Y2$ 实际值	$Y2$ 预报值	$Y3$ 实际值	$Y3$ 预报值
1	0	0.15619	1	1.00044	2	1.98435
2	2	2.00803	1	0.98922	2	2.01864
3	0	0.03254	0	0.04263	2	1.93911
4	1	0.94927	1	1.07216	2	2.14768
5	1	0.64429	2	1.92788	2	2.15997
6	1	0.86795	1	1.35381	2	2.55045
7	0	0.19945	2	1.96829	1	0.88482
8	0	0.09928	2	1.98322	1	1.21176
9	3	2.99955	3	2.97316	3	2.96782
10	0	0.01153	0	0.0295	2	2.02906
11	1	0.22916	2	1.95719	1	1.19752
12	0	0.19878	3	2.54262	1	1.25205
13	0	0.19857	2	2.54309	1	1.25213
14	0	0.03413	1	1.38469	2	1.06131
15	1	0.98846	1	0.97881	2	2.02053
16	1	1.15054	2	1.68984	3	2.57485

续表 6.13

样本编号	Y1 实际值	Y1 预报值	Y2 实际值	Y2 预报值	Y3 实际值	Y3 预报值
17	0	0.00988	0	0.01629	2	2.20294
18	1	1.20663	1	1.09725	3	2.53971
19	0	0.17058	1	1.11102	2	1.98251
20	1	0.99974	0	3.64E-06	1	0.98896
21	2	1.9508	0	8.46E-05	2	1.92402
22	0	0.13017	1	1.05825	1	1.05148
23	1	1.00084	0	8.52E-08	0	0.22814
24	0	3.47E-07	0	1.80E-05	0	0.27135
25	0	0.31381	0	0.12074	1	0.87376

注：Y1 为中心偏析等级；Y2 为中间裂纹等级；Y3 为中心裂纹等级。

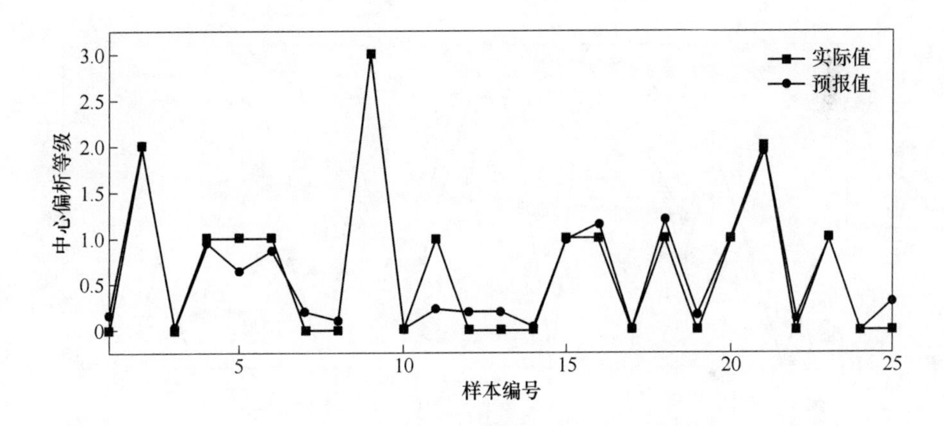

图 6.19 学习样本输出节点 Y1 的预报值与实际值的对比关系

表 6.14 网络对测试样本的预报结果与实际值的比较

样本编号	Y1 实际值	Y1 预报值	Y2 实际值	Y2 预报值	Y3 实际值	Y3 预报值
1	1	0.76163	1	0.75473	0	1.4114
2	1	0.74881	0	0.15122	0	0.10282
3	2	1.66308	0	1.96E-09	1	0.75176
4	1	1.1511	0	5.59E-04	0	0.42533
5	1	0.78173	0	0.28823	2	1.70815
6	2	1.63912	1	4.42E-09	2	0.79517
7	1	0.86037	1	0.16235	1	1.16003
8	0	0.00637	1	1.07806	0	0.01765
9	0	0.00432	1	0.78069	0	0.00965
10	1	0.00637	1	0.907806	1	0.70962

续表 6.14

样本编号	Y1 实际值	Y1 预报值	Y2 实际值	Y2 预报值	Y3 实际值	Y3 预报值
11	0	0.0618	0	1.08E-11	0	0.31256
12	0	0.00832	0	1.08E-11	0	0.24798
13	0	0.21235	0	1.08E-11	0	0.09965
14	0	0.19195	1	1.26352	0	0.15726
15	1	0.80614	0	1.08E-11	0	0.10967
16	1	1.23964	1	0.69135	0	0.11823
17	0	0.40375	1	0.35648	1	0.44987
18	0	0.04296	1	0.59699	0	0.10029
19	0	0.10635	0	0.09638	0	0.23518
20	0	0.05612	0	0.38412	1	0.69657

注：Y1 为中心偏析等级；Y2 为中间裂纹等级；Y3 为中心裂纹等级。

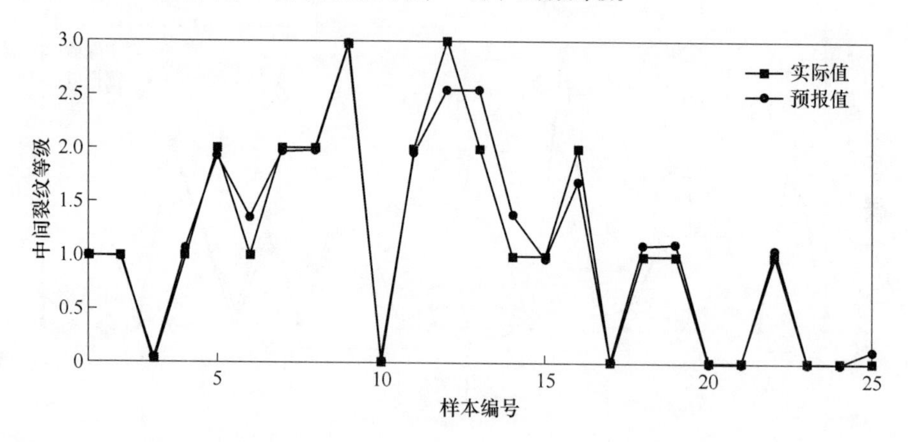

图 6.20 学习样本输出节点 Y2 的预报值与实际值的对比关系

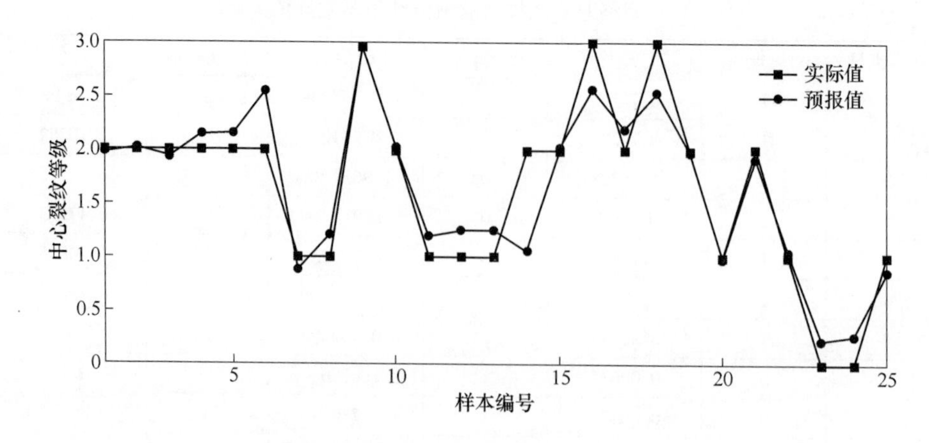

图 6.21 学习样本输出节点 Y3 的预报值与实际值的对比关系

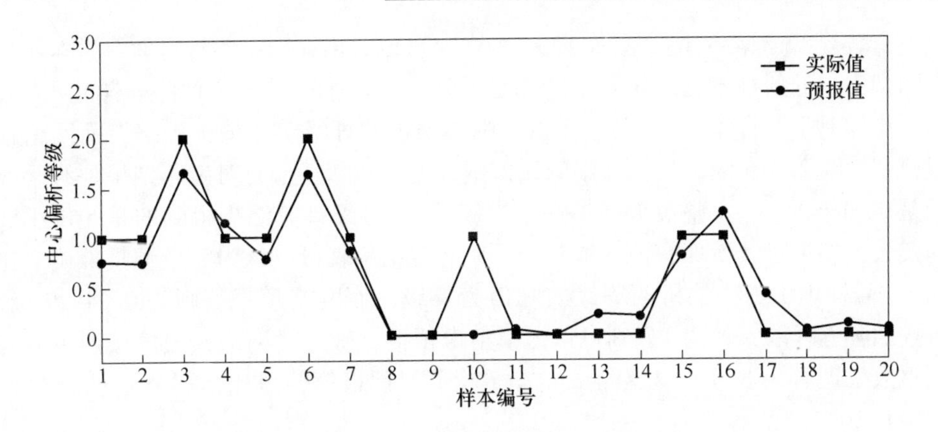

图 6.22 测试样本输出节点 $Y1$ 的预报值与实际值的对比关系

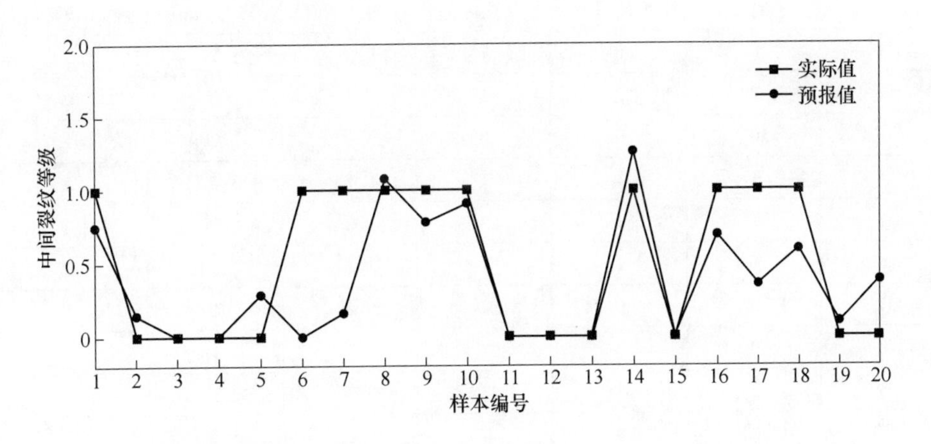

图 6.23 测试样本输出节点 $Y2$ 的预报值与实际值的对比关系

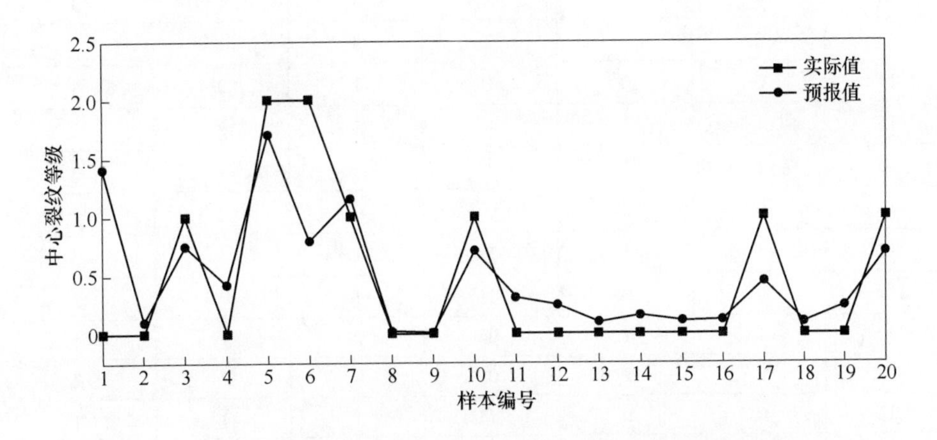

图 6.24 测试样本输出节点 $Y3$ 的预报值与实际值的对比关系

由表6.13、表6.14、图6.19～图6.24可以看出，网络不管对学习样本还是对测试集中的新样本，其预报精度都是十分令人满意的，仅有个别样本的误差较大，比如对学习样本中的11号样本，中心偏析的等级实际值为1级，而网络预报值则为0.22916级。其他样本的误差则是由于实际生产时对硫印结果评级采取的是0、1、2、3、4整数级（不评定半级），而网络计算结果得到的是5位小数的实数，如果对其按四舍五入取整数，则有些结果就可以认为完全预报准确。比如，5号样本，中心偏析的等级实际值为1级，而网络预报值则为0.64429级，若按四舍五入取整数为1，则可认为模型也预报准确。对网络预报值按四舍五入取整数处理后，学习样本及测试样本实际值与预报值的对比情况分别见表6.15和表6.16。

表6.15　网络对学习样本的预报结果（取整数值）与实际值的比较

样本编号	Y1 实际值	Y1 预报值	Y2 实际值	Y2 预报值	Y3 实际值	Y3 预报值
1	0	0	1	1	2	2
2	2	2	1	1	2	2
3	0	0	0	0	2	2
4	1	1	1	1	2	2
5	1	1	2	2	2	2
6	1	1	1	1	2	3
7	0	0	2	2	1	1
8	0	0	2	2	1	1
9	3	3	3	3	3	3
10	0	0	0	0	2	2
11	1	0	2	2	1	1
12	0	0	3	3	1	1
13	0	0	2	3	1	1
14	0	0	1	1	2	1
15	1	1	1	1	2	2
16	1	1	2	2	3	3
17	0	0	0	0	2	2
18	1	1	1	1	3	3
19	0	0	1	1	2	2
20	1	1	0	0	1	1
21	2	2	0	0	2	2
22	0	0	1	1	1	1
23	1	1	0	0	0	0

续表 6.15

样本编号	Y1 实际值	Y1 预报值	Y2 实际值	Y2 预报值	Y3 实际值	Y3 预报值
24	0	0	0	0	0	0
25	0	0	0	0	1	1

注：Y1 为中心偏析等级；Y2 为中间裂纹等级；Y3 为中心裂纹等级。

表 6.16 网络对测试样本的预报结果（取整数值）与实际值的比较

样本编号	Y1 实际值	Y1 预报值	Y2 实际值	Y2 预报值	Y3 实际值	Y3 预报值
1	1	1	1	1	0	1
2	1	1	0	0	0	0
3	2	2	0	0	1	1
4	1	1	0	0	0	0
5	1	1	0	0	2	2
6	2	2	1	0	2	1
7	1	1	1	0	1	1
8	0	0	1	1	0	0
9	0	0	1	1	0	0
10	1	0	1	1	1	1
11	0	0	0	0	0	0
12	0	0	0	0	0	0
13	0	0	0	0	0	0
14	0	0	1	1	0	0
15	1	1	0	0	0	0
16	1	1	1	1	0	0
17	0	0	1	0	1	0
18	0	0	1	1	0	0
19	0	0	0	0	0	0
20	0	0	0	0	1	1

注：Y1 为中心偏析等级；Y2 为中间裂纹等级；Y3 为中心裂纹等级。

从表 6.15 可以看出，25 个学习样本中，对中心偏析缺陷的预报，只有 11 号样本预报不准确（实际值为 1 级，预报值为 0 级）；对中间裂纹缺陷的预报，只有 13 号样本预报不准确（实际值为 2 级，预报值为 3 级）；对中心裂纹缺陷的预报，6 号样本（实际值为 2 级，预报值为 3 级）和 14 号样本（实际值为 2 级，预报值为 1 级）预报不准确。由表 6.16 可知，20 个测试样本中，对中心偏析缺陷的预报，只有 10 号样本预报不准确（实际值为 1 级，预报值为 0 级）；对中间裂纹缺陷的预报，6号、7号和17号样本预报不准确（它们实际值都为1级，预报值都为0级）；对中心裂纹缺陷的预报，1号样本（实际值为0级，预报值为1级）、6号样本（实际值为2级，预报值为1级）以及17号样本（实际值为1级，预报值为0级）预报不准确。由以上统计情况可得到网络预测模型的预报精度，见表6.17。

表6.17 网络预测模型的预报精度

样本来源	样本数目/个	预报命中个数/个			缺陷预报准确率/%		
		中心偏析	中间裂纹	中心裂纹	中心偏析	中间裂纹	中心裂纹
训练集	25	24	24	23	96	96	92
测试集	20	19	17	17	95	85	85

从表6.17可以看出，神经网络训练很成功，得到的网络预测模型具有很强的泛化能力。对训练集的学习样本，系统对中心偏析、中间裂纹以及中心裂纹3种缺陷的预报准确率分别达到96%、96%和92%，综合预报准确率达到94.67%；而对没有参加学习的测试样本集中的样本，3种缺陷的预报准确率分别达到95%、85%和85%，其综合预报准确率也达到了88.33%。所以，可以将该网络的结构参数保存，即保存表6.10～表6.12中的数据内容，以备在生产现场进行质量预报时直接调用。

参考文献

[1] 孙立根，张奇，朱立光，等．硅锰镇静钢中非金属夹杂物三维全尺寸形貌分析研究［J］．冶金分析，2015，35（11）：1－7.

[2] 孙立根，任英强，刘阳，等．37Mn5钢中的显微夹杂物研究［J］．铸造技术，2015（10）：2423－2426.

[3] 孙立根，任英强，刘阳，等．Q235方坯非金属夹杂物行为研究［J］．钢铁钒钛，2015，36（1）：85－91.

[4] 孙立根，樊赛，朱立光，等．针对ML08Al小方坯表面质量问题的保护渣性能优化［J］．钢铁钒钛，2015，36（6）：134－140.

[5] 孙立根，马立波，张奇，等．ML08Al大方坯用保护渣的性能优化［J］．铸造技术，2017（1）：151－155.

[6] 蔡开科．连续铸钢［M］．北京：科学出版社，1990.

[7] 蔡开科．浇注与凝固［M］．北京：冶金工业出版社，1987.

[8] 史宸兴．实用连铸冶金技术［M］．北京：冶金工业出版社，1998.

[9] 干勇，仇圣桃，萧泽强．连续铸钢过程数学物理模拟［M］．北京：冶金工业出版社，2001.

[10] 曹龙汉，孙颖楷，曹长修．基于粗糙集理论的连铸坯缺陷诊断预报系统［J］．重庆大学学报，2001，24（1）：95－98.

[11] 崔晓迅．消除合金结构钢连铸坯中夹渣的研究［D］．沈阳：东北大学，2002.

[12] S. L. Mcpherson，N. A. Mclntosh. Mold powder related defects in some continuously cast steel products［J］. Iron Steelmaker，1987：19.

[13] 程方武，刘昆华．荫罩框架钢及内磁屏蔽钢夹杂缺陷的控制［C］．中国钢铁年会论文集，2001：744－745.

[14] 任迅．连铸坯纵裂的成因与对策［J］．连铸，2002（3）：24－26.

[15] 朱志远，王新华，王万军．亚包晶钢板坯表面纵裂及影响因素［J］．连铸，2000（6）：31－36.

[16] 刘明华．连铸坯表面凹陷和纵裂分析［J］．炼钢，2000，6（16）：55－58.

[17] 文光华．亚包晶钢连铸板坯表面纵裂纹的研究［J］．钢铁钒钛，1999，3（20）：1－5.

[18] 袁伟霞．连铸板坯纵裂纹综述［J］．炼钢，1997（5）：47－50.

[19] B. G. Thomas，G. Li，A. Moitra，et al. Analysis of thermal and mechanical behavior of copper molds during continuous casting of steel slabs［C］. Steelmaking Conference Proceedings，1997：183－201.

[20] Kyung-hyun KIM，Tae-jung YEO，Kyu Hwan OH，et al. Effect of carbon and sulfur in continuously cast strand on longitudinal surface cracks. ISIJ International，1996，36（3）：284－289.

[21] S. Hiraki，K. Nakjima，T. Murakami，et al. Influence of mold heat fluxes on longitudinal sueface cracks during high speed continuous casting of steel slab［J］. Steelmaking Conference Proceedings，1994，77：397.

[22] A. Moitra，B. G. Thomas，H. Zhu. Application of a thermo-mechanical model for steel shell behavior in continuous slab casting. Steelmaking Conference Proceedings，1993：657－667.

[23] S. Harada. A formation mechanism of transverse cracks on CC slab surface［J］. ISIJ International，1990（30）：310－316.

[24] 王宏静，岳尔斌．连铸板坯表面横裂纹成因分析［J］．宽厚板，1999，5（6）：8－10.

[25] C. M. Morwald，K. Chimani. Micromechanical investigation of the hot ductility behavior of steel［J］. ISIJ International，1999，39（11）：1194－1197.

[26] 李宝宽．板坯连铸中心线偏析的预测模型［J］．东北大学学报（自然科学版），2001，22（6）：652－655.

[27] 蔡燮鳌，钱刚，阮小江．连铸轴承钢大方坯中心偏析的成因及对策［J］．钢铁钒钛，2002，37（5）：16－18.

[28] 解英春，岳庆梅．特殊钢连铸坯中心偏析的控制技术［J］．特殊钢，1995（5）：6－10.

[29] G. Lesoult. Macrosegregation in steel strands and ingots：characterisation，formation and consequences［J］. Materials Science and Engineering，2005，A 413－414：19－29.

[30] 阮小红．连铸高碳钢大方坯中心偏析的成因与对策［J］．连铸，1998（1）：284.

[31] 周德光，傅杰，王平，等．工艺参数对连铸轴承钢坯碳偏析的影响［J］．钢铁钒钛，1999，34（6）：225.

[32] K. H. Kim, H. N. Han, T. Yeo, et al. Analysis of surface and internal cracks in continuously cast beam blank [J]. Ironmaking and Steelmaking, 1997, 24 (3): 249 - 256.

[33] A. Yamanaka, K. Nakajima, K. Okamura. Critical strain for internal crack formation in continuous casting [J]. Ironmaking and Steelmaking, 1995, 22 (6): 508 - 512.

[34] B. G. Thomas. Issues in thermal - mechanical modeling of casting processes [J]. ISIJ International, 1995, 35 (6): 737 - 743.

[35] 朱伟华. 莱钢连铸坯内部裂纹的形成机理与控制研究 [D]. 北京: 北京科技大学, 2005.

[36] 汪洪峰, 宋景欣, 邹俊苏. 梅山连铸板坯中心裂纹的控制 [J]. 宝钢技术, 2002 (2): 15 - 19.

[37] 袁伟霞. 连铸板坯凝固及内裂纹研究 [D]. 北京: 北京科技大学, 2000.

[38] 曾祖谦. 连铸板坯内裂纹的防止 [J]. 炼钢, 1998 (3): 13 - 15.

[39] 饶海龙. 钢液成分、浇注过热度及拉坯速度对连铸板坯纵裂纹及中心裂纹的影响 [J]. 江西冶金, 1998, 18 (4): 10 - 11.

[40] 韩志强, 蔡开科. 连铸坯内裂纹形成条件的评述 [J]. 钢铁研究学报, 2001, 13 (1): 68 - 72.